我
们
一
起
解
决
问
题

简单是金

所有问题，七步解决

[英]弗格斯·奥康奈尔（Fergus O'Connell） 著

廉凯 译

SIMPLY
BRILLIANT

The common-sense
guide to success at work

（Fourth Edition）

人民邮电出版社

北　京

图书在版编目（CIP）数据

简单是金：所有问题，七步解决 ／（英）弗格斯·
奥康奈尔（Fergus O'Connell）著；廉凯译. -- 北京：
人民邮电出版社，2024. -- ISBN 978-7-115-65213-3

Ⅰ. B804-49

中国国家版本馆 CIP 数据核字第 202419VJ07 号

内 容 提 要

面对竞争激烈的职场，为什么有些人熬至深夜也获得不了好的业绩，而有些人不用加班也能高效完成工作？面对快节奏的生活，为什么有些人忙得焦头烂额依然觉得时间不够用，而有些人却驾轻就熟，幸福感满满？

《简单是金：所有问题，七步解决》告诉我们，事情其实没有那么复杂，解决问题的方法也很简单。运用弗格斯·奥康奈尔提出的七个步骤，我们就能以最简单、最有效的方式解决问题，达成目标。这七个步骤分别是定义问题，寻求最简单的解决方法；确定目标，把具体工作形象化；制订计划，建立事件的连续性；开始行动，并发挥团队的力量；分析和管理风险，并建立应急预案；进行评价，明确界定事情的结果；及时报告，分享事情的进展。

本书适合所有想提高做事效率、提升人生幸福感的人士阅读。如果你真的想简化繁重的工作事务和日常生活，请一定要记住：最好的方法往往最简单。

◆ 著 ［英］弗格斯·奥康奈尔（Fergus O'Connell）
　　译 廉 凯
　责任编辑 贾淑艳
　责任印制 彭志环

◆ 人民邮电出版社出版发行　　北京市丰台区成寿寺路 11 号
邮编 100164　电子邮件 315@ptpress.com.cn
网址 https://www.ptpress.com.cn
北京市艺辉印刷有限公司印刷

◆ 开本：880×1230　1/32
印张：7　　　　　　　　　2024 年 10 月第 1 版
字数：100 千字　　　　　　2024 年 10 月北京第 1 次印刷
著作权合同登记号　图字：01-2013-0785 号

定　价：59.80 元
读者服务热线：（010）81055656　印装质量热线：（010）81055316
反盗版热线：（010）81055315
广告经营许可证：京东市监广登字 20170147 号

献给我亲爱的妻子

弗朗辛·卡拉·香侬（Francine Carla Shannon）

致 谢

　　《简单是金》是我酝酿多年的一个项目。我经常会担心，也许这本书太奇怪了，不会有哪个发行商对它感兴趣。我有时甚至想，当我与人们谈及这本书时，人们可能会不自然地笑笑，然后找个理由迅速溜走。

　　在此，我要特别感谢瑞秋·斯道克（Rachael Stock）女士——培生教育集团的编辑，正是由于她对《简单是金》的信心和热情，才最终促成了它的出版。当瑞秋告诉我每个人都会喜欢书中给出的建议时，我认为她真正的意思是每个人都会被书中的热情所感染。瑞秋是我遇到过的最好的编辑，我很感激她给了我这个机会完成这本书。

　　此外，我同样要感谢埃洛伊塞·库克（Eloise Cook）对本书的大力支持。

本书收获的赞誉

《简单是金》证明了真理往往很简单，睿智并不意味着复杂。弗格斯就是这方面的专家，他的成功准则是非常简单而有效的。

若奥·佩雷拉（Raomal Perera），

欧洲工商管理学院商学院教授

《简单是金》包含了许多睿智的建议和典型案例。如果想要让生活变得简单惬意，让工作变得更加成功，那么你一定要阅读这本书！

沃里克·怀特（Warwick White），

澳大拉西亚阿提马尔可口可乐公司常务董事

弗格斯一语中的的能力是无与伦比的。他一次又一次把复杂问题简单化，并不断取得成功。更为难得的是，弗格斯愿意把来之不易的经验与所有人分享，这就是"简单至上"！

迈克·尼尔斯（Mike Nelles），

美国安博集团 CEO

能找到一本标题醒目、中心明确的书总是一件好事，《简单是金》就是其中的优秀代表。自从第 1 版发行以来，这本书一直是人们所推崇的必读之作，现在我推荐全体员工阅读本书。

诺埃尔·凯利（Noel Kelly），

视觉艺术家爱尔兰皇家艺术协会 CEO

在参加完一场由弗格斯主持的研讨会后，我立即被其培训内容所蕴含的价值吸引了。《简单是金》是一部引人注目的优秀著作，明确提出了获得成功需要做的各种事情，浅显易懂且简单实用。我要向真正意欲获得成功的个人和组织强烈推荐这本书。

康纳·图米（Conor Twomey）博士，
北卡罗来纳州斯科特安全公司研发中心负责人

我与弗格斯已经做了 10 年同事了，10 年间我们一直秉承"简单至上"的工作原则，从来没有失败过。很多成功学的书籍只会告诉你成功的原因，而《简单是金》会告诉你具体应该怎样做，例如，如何缓解为取得成功而造成的急迫感等。总而言之，这本书是一把打开成功之门的钥匙。

蒂姆·斯塔尔（Tim Starr），
瑞士雅培公司网站负责人

前·言

　　成年以后，我大部分时间都是跟聪明的人在一起。在大学的日常生活中、在毕业后参与的每一项工作中、在经营公司的过程中，我的周围都有很多非常聪明的人，这些人有的是我的同事、老板，有的是我的同行或者顾客。我相信很多人都有类似的经历和感受。现在越来越多的人发现自己的生活离不开周围聪明人的影响。

　　几年之后，我对这个结论开始产生怀疑，因此我决定重新进行观察、判断。随着时光的流逝和经验的积累，我最终得出一个结论，那就是，聪明的人虽然具备超乎常人的智商、专业知识、技能、经验和天赋，但在某些情形下，他们通常缺乏一种必要的技能，这就是我在本书中所讲的运用"常识"（common sense）的能力。

古谚有云："常识不代表稀松平常。"我遇到的很多情况都是这样。尽管周围很多人都不乏聪明才智，但还是遇到了诸多糟糕的事情，而这一切都源于对常识的忽视。

聪明的人看起来都喜欢复杂——复杂的想法、步骤和方法，以及解决问题的复杂办法。这些想法不一定是错的，但是如果出现以下情况，复杂就变得不合时宜了。

- 实施和维持这种复杂想法的代价太昂贵。
- 没必要涉及那么多的人和事。
- 没必要做到那么好。
- 有时候，某些事情一看就知道是错的。

正是基于这一现状，我决定写作这本书。我并不是要给常识进行定义，而是试图把这样一种理念传递给人们：如果你做一件事，那么你要尽量按照常识的要求去做。

这些年来，很多人按照我的这一要求去做，取得了很好的效果。这些基于常识的要求在任何条件下都适用，不管是在工作中还是工作之外，虽然本书讲述的内容主要侧重于在工作中的应用。

或多或少，本书将给你提供一种全新的方式看世界。它会给你许多灵感，帮助你找到解决问题的新措施、新方法——既简单又迅速。如果通过阅读本书，你少做了一些糊涂事，这就是我给大家带来的福音了。

目 录

导 读

这本书阐述了解决问题的七个步骤，并延伸介绍了相对应的七个基本理念，遵循这七个理念，你就不会把简单问题复杂化。

本书的结构非常简单，这是遵循七个理念中的第一个"事情其实很简单"的结果。本书将解决问题的过程分为七步，每一步均包括以下几部分内容。

- 提出问题。在每一步的开始会提出几个问题，让读者去思考。从某种意义上说，这些问题会测试你在多大程度上能遵循常识的理念去考虑事情。

- 解说理念。在本部分，我会概述这一步的基本理念。

- 理念应用。在本部分，我会告诉读者怎样应用上面的理念。

- 案例分享。这里会列出很多应用常识理念的例子。这些例子一般都体现了某个特定的理念或者是几个结合在一起的理念。

- 开始行动。最后，本书会给出几个关于实际应用的要点，并告诉你应用这些特定的理念能够完成哪些事情。

我很想知道这本书对你是否有用。无论有用与否，我都想得到你的反馈，你可以给我发电子邮件，我的邮箱是 fergus.oconnell@etpint.com。无论批评还是赞扬，我都欢迎！

最后，是对术语的一些说明。我在书中经常使用一些意义互通的词语，如"项目""工作""事业"等。它们都意味着一些你需要努力做的事情。

定义问题，寻找最简单的解决方法

基本理念：事情其实很简单！

提出问题

在开始阅读之前，请花几分钟时间思考以下两个问题：

- 你的某个员工有体臭，其他员工都向你抱怨这件事，你应该怎么做？

- 你感觉你的公司对客户的服务质量不够好或者不如你的竞争对手好，你应该怎么做？

解说理念

经常有人告诉我，许多事情都是很复杂的，对此我完全接受，毕竟不是所有事情都是简单的。例如，把一个人放到月球上；又比如，运用工程学、数学、计算机科学、火箭科学、物理学等其他学科的研究成果，完成营救阿波罗 13 号（Project Apollo）这一极其复杂的壮举。

　　即使这样，依然会有人鸡蛋里挑骨头，指出我的表达不准确："这不是真正的火箭科学。"发射火箭，在空间站和地球间穿梭才是真正的火箭科学。但是，我们绝大部分人都不是美国国家航空航天局（NASA）的宇宙专家，所以我们所做的事情基本上与火箭科学无关。我相信，当我们都在寻找复杂的问题解决方法时，简单的方法反而更适合这个问题、更容易被发现、更容易被应用。

> 大多时候，我们都在寻找复杂的解决方法。

考虑一下本章开头提到的两个问题。针对第一个问题，通常会有这样的解决措施："面向全公司发公开的电子邮件，对仪容着装进行统一要求，然后看看那些人是否会遵守""把这个问题交给人力资源部门""在公司内部开展着装大检查"。上述措施都是基于对员工的尊重，但是这些措施显然过于复杂了，简单的解决方法应该是这样的："把有体臭的人叫到一起，告诉他们问题所在，要求他们想办法努力解决这个问题。"

同样，针对第二个问题，我听到过的最佳（也是最简单的）答案是："要求你的员工把每一个客户都当成自己的朋友，也就是那个你不想令其失望的人。"

不得不说，非常糟糕的是，很多人都喜欢复杂的解决方式。难道所有人都能明白手机的定价标准吗？难道所有人都能搞懂车票的定价原则吗？难道所有人都能弄清楚计算机的运行系统吗？……很多时候我们都知道，要找到政府中能够解决这个问题的人或是机构需要好几小时，这往往会严重伤害我们的感情。我们不会忘记《里斯本条约》（*Lisbon Treaty*），该条约签署了一系列文件，从而确定了新欧盟的地位。该条约长达 210 页。这是一个多么复杂的表述？"我们是彼此密切联系的国家，我们想要在一系列事情上进行合作……"

有时候，我们会发现一些事情其实很简单。我最近发现一个做脑电图的程序包。之前，我已经尝试过很多这类东西，但都以失败告终。而这个程序包我在一分钟之内就学会使用了。这就是简单的力量啊！我深受震撼，非常希望能有机会感谢这个程序包的设计者。还有，你可以去瑞安航空公司（Ryanair flight）订飞机票，跟其他航空公司比一下，你会发现瑞安航空公司的流程非常简单，所以非常受人欢迎。

理念应用

如果你有幸听过以色列科学家艾利·M.高德拉特（Eliyahu M. Goldratt）的演讲，那么你一定知道他所说的"科学界最基本的信条"这句话。按照他的理论，"现实中没有复杂的系统"，或者说"真相不可能复杂"。因此，我们所讲的关于常识的第一个理念就是避免复杂，追求简单。以下措施会帮助你做到这一点。

- 寻找简单的解决方案。

- 常常问自己：在这里要做的最简单的事情是什么？

- 看看你能否用不超过25个字把某件事描述清楚——一个事件、一个问题、一个解决方法或一个建议。

- 你能在30秒内完成这件事吗？这是一次"电梯公

关"（Elevator Pitch），意思是你在电梯里遇到了某个重要的人物，你必须在电梯到达的几十秒内把你的信息完整准确地传递给他。

- 把这个事件、问题、解决方法或建议，用简单明了的文字记录下来。

- 如果你发现自己采用了某种复杂的解决方法或思路，那么你可能已经走上了错误的道路。回过头来，用简单的理念重新审视这个问题。

- 当你遇到一些事情时，记得问自己："是否有某种解决它们的更简单的方法？"

- 要求人们把你当成 6 岁的孩子来讲述某件事。

- 只问简单的问题：谁（Who）？什么内容（What）？

为什么（Why）？在哪里（Where）？什么时候（When）？怎样发生的（How）？产生了什么样的结果（Which）？

- 只寻求简单的答案。当你和高科技人员打交道时，这一点特别重要。

- 记住这个缩写词"KISS"（Keep It Simple，Stupid）——让事情变得简单易懂。

- 学会使用水平思维模式。学会水平思维有助于摆脱思维定式。大脑习惯于创造、认知和使用固定的思维模式。它并不习惯改变思维模式。水平思维就是要改变你的固有的思维模式，帮助你从旧的思维模式中跳出来，创造并适应新的思维模式。养成水平思维需要以下步骤。

- 从旧的思维模式中跳出来。

- 学会激发新的思路。

- 跳出来意味着在承认现行的思维模式存在优点和缺点的前提下，寻找其他更好的思考方式或行为方式，从而激发新的思路。

- 学会像莱昂纳多·达·芬奇（Leonardo Da Vinci）那样思考问题。在《像达·芬奇那样思考》（*How to Think Like Leonardo Da Vinci*）一书中，作者迈克尔·盖博（Michael Gelb）总结了"达·芬奇的创造性思维方法"，你可以去读一读这本书。

> 水平思维就是要改变你的固有的思维模式。

案例分享

案例 1　管理一家成功的企业

如何管理一家成功的企业？人们会说这是个很复杂的问题。很多商业学校的成立就是为了教给人们如何解决这个问题。人们在这个领域做过很多研究，你能在 5 分钟之内用一页纸或是一句话来回答这个问题吗？

实际上是可以的。艾琳·C. 夏皮罗（Eileen C. Shapiro）在其著作《七大克星：新时代经营管理的克星及对策》（*The Seven Deadly Sins of Business*）中精确地解答了这个问题。书中提到，当她在商业学校上第一堂金融课时，教授走进来对着台下的银行投资者和公司总裁说了一句话："永远不要断了资金链。"这是不是对一家成功企业的精准描述？你肯定赞同。

案例 2　如何做好营销

在我成立自己的公司之前，我认为营销就是穿着笔挺的西装参加各种宴会，宣传自己的产品，并获得潜在客户的注意力。现在我意识到了营销学中最复杂、最重要的原则实际上就是简单。简单是营销成功的关键要素。做好营销的关键就在于能否用最简单的方式向客户解释清楚，为什么你的产品值得他们购买。那么，怎样才能做到这一点呢？假设你的营销对象是一个 6 岁的孩子，你应该怎么做？你应该从什么角度出发才能吸引他的注意力？你会使用什么词语和他交流？你又有哪些词语因为过于复杂或晦涩难懂而不会使用？

如果你能够把我当作 6 岁的孩子一样进行营销，可以说你已经是一个"伟大"的营销专家了。

> **简单是成功的关键！**

案例 3　用水平思维解决问题

我曾经听过一个故事，当然，这个故事有可能是编造的。但即便如此，它也能很好地说明我的观点。

一家美国大型公司建造了一个新的公司总部。在搬进新总部几个星期之后，雇员开始抱怨电梯的运行速度太慢了。很快，抱怨的声音越来越多，公司开始联系大楼的建筑师，咨询电梯能否提速或扩容？答案是可以的，但是需要几个月的时间来重新改造电梯系统，这将耗费大量的人力、物力，而且会影响大楼的正常使用。

最终，公司决定不改造电梯，而是在每层电梯的旁边都安装了一面很大的镜子，这样，员工们可以利用等电梯的时间来整理自己的衣着，并在镜子里观察彼此。采取了这一做法之后，关于电梯的抱怨声音就没有了。

这个故事的关键点是什么？那就是，总有一个简单的方法能够解决你所面临的问题——只需要找到它！

案例4 开会时保持头脑清醒

按照我的经验，大多数会议的结果往往是倾向于采取复杂的举措而不是简单有效的方法。因为简单的拥护者在会议中总是不占优势。我就参加过类似的会议，那是一次令人感觉非常不爽的讨论。

20世纪80年代早期，我在一个研发小组里负责开发一款便携式笔记本电脑。现在，这样的笔记本电脑能够很简单地组装起来，但在当时却是具有创新性的电子产品。

那是我生命中第一次适逢有可能发财致富的机会。

有一天，大家开会讨论应该使用什么样的操作系统。可供选择的有两个操作系统，其中一个是非常复杂的 MS-DOS 操作系统，正如你所预料的，会议的结果就是选择这个复杂的操作系统。

几个月之后，我们就意识到自己犯了重大的错误，毕竟我们又不是要操作法拉利！

所以，对于以开会方式形成的所谓"集体智慧"要有清醒的认识。如果你在开会的过程中发现，会议向着复杂的方向发展了，那么你一定要努力把这个苗头扼杀掉。实现这一点只需问一个简单的问题："完成这件事的最简单的方法是什么？"然后看看能否找到更简单（也就是更有用）的方法。

> 要学会问一个简单的问题：
> "完成这件事的最简单的方法是什么？"

开始行动

1. 寻找简单的解决方法。要学会问一个简单的问题：
   "完成这件事的最简单的方法是什么？"

2. 看看你能否用不超过 25 个字把某件事描述清楚—— 一个事件、一个问题、一个解决方法或一个建议。你能在 30 秒内完成这件事吗？这是一次"电梯公关"，意思是你在电梯里遇到了某个重要人物，你必须在电梯到达的几十秒内把你的信息完整准确地传递给他。还有一种方法就是你把信息传递的对象看作 6 岁的孩子，看看通过何种方式能够让他理解。

3. 如果你发现自己采用了某种复杂的解决方法或思路，那么你可能已经走上了错误的道路。回过头来，用简单的理念重新审视这个问题。

4. 只问简单的问题：谁？什么内容？为什么？在哪里？什么时候？怎样发生的？产生了什么样的结果？

5. 只寻求简单的答案。当你和高科技人才打交道时，这一点尤其重要。

6. 记住这个缩写词"KISS"——让事情变得简单易懂。

7. 延伸阅读。

- 爱德华·德·博诺（Edward De Bono）博士的著作《简单》（*Simplicity*）。

- 爱德华·德·博诺博士所写的其他关于水平思维的著作。

- 迈克尔·盖博的《像达·芬奇那样思考》。

第二步

确定目标，把具体工作形象化

基本理念：弄明白自己要做什么！

提出问题

在开始阅读之前，请花几分钟时间思考以下两个问题。

- 你的客户遇到了一个非常紧急的问题，看起来解决问题的方法极其直接，但是需要你的老板马上在网上和这个客户商谈这个问题，此时你没有时间再去计划什么了，必须马上行动，你会怎么做呢？

- 你马上就能完成一笔订单了，此时客户却打来电话，提出了一些额外的条件，但还是要求按照原先协商好的时间交付产品。这个所谓的"一些额外的条件"实际上影响重大。你是刚来公司的新员工，对此并不熟悉，而客户声称之前的员工总是能够满足他的要求。你应该怎么办呢？

解说理念

"如果你不知道自己要驶向哪个港口，那么无论东南风还是西北风，对你来说都无所谓。"

这个谚语可以说是无人不知、无人不晓，其背景是在一望无际的地中海上航行。据我所知，这个谚语是很久之前的某个人最先提出来的，但是这个人是谁我并不清楚。

对于这个谚语，我们可以这样理解：如果你不知道你想要做什么，那么你要完成某件事是非常困难的。

在刘易斯·卡罗尔（Lewis Carroll）的著名古典童话故事《爱丽丝漫游奇境》中，有一段爱丽丝和柴郡猫的对话——

　　爱丽丝：请问，您可以告诉我应该走哪条路吗？

　　柴郡猫：这取决于你想到达哪个地方。

　　爱丽丝：我无所谓，到哪里都行。

　　柴郡猫：既然这样，你选择走哪条路都可以。

无论一次会议、一场演讲、一天、一个星期、一年还是一辈子，无论是一个小小的发明还是雄心壮志，抑或是其他任何事情，如果你不知道自己的目的何在，那么你将会步履维艰。

如果你发起了一次会议，却不知道想通过它实现什么目的，不去考虑你真正需要的东西，那么你从这次会议中有所收获的可能性就很小了。针对本章开头的第一个问题——如果通过这本书你只能学会一句话，那么我希望你能意识到"我们没有时间来计划这件事，赶紧去做吧"这种观点是绝对错误的。即使是一点点的计划，也比盲目去做要好得多。明确自己的任务和目标（本步），制订好计划（第三步、第四步、第五步），然后实施这个计划（第六步）。有目的、有计划地去做，远比你像笼子里的公牛那样四处乱撞要省时很多。

> **做一点计划永远比盲目尝试要好得多。**

我们在后文的案例 4 "正常和不正常的项目"中会讨论第二个问题的答案。但是如果让你现在就回答这个问题，你是否会给出以下答案：

- 对客户说"好的"，然后满足客户的所有要求；

- 要求团队加班加点工作，并向他们抱怨说这完全是客户的错。

如果你这样回答，那么你就完全错了。

理念应用

既然知道了自己想做什么，那么你就面临两个需要解决的问题，它们是：

- 真正理解你努力想做的事情；

- 搞清楚你想做的事情是否也是其他人希望做的。

下面让我们来讨论这两句话的具体含义。

真正理解你努力想做的事情

某些人，比如你的老板或客户，有时候会要求你做一些事情，然后你就直接去做了。是不是经常有这种情况？但是，这是糟糕的行为。

在做任何事情之前，你首先需要确定，老板或客户到底想要你做什么。因此，你要问自己一个问题："这项工作最终要达成什么目标？"什么事件的出现，标志着这项工作的结束？在商店开业或是大桥建成时进行的剪彩，在新船起航时开香槟庆祝，都是一个项目完成的典型标志。通过关注这一点，你就能够清晰地分辨出有哪些事情是属于这个项目的，又有哪些事情是在这个项目之外的。

搞清楚你想做的事情是否也是其他人希望做的

所有的项目，不管大小，都有其利益相关者。项目的成功与否会影响这些人的利益。更具体地讲，利益相关者可以是个人，如查理；也可以是一群人，如这个项目的所有客户。

所有利益相关者都有其获利条件。所谓获利条件，就是指人们从特定的企业或事业中获得收益的条件。比如，假设我是一个老板，我给我雇用的工作团队规定了一个最后期限，那么我的获利条件就是他们到最后期限依旧未完成工作。又比如，我是一个普通工作者，在最近的半年里经常加班加点工作，那么我的获利条件就是我可以一个星期只上 40 小时的班（每天 8 小时）。

> 让利益相关者永远开心是成功的关键。

成功的项目可以用一个词语来概括，那就是让利益相关者开心：你要明确地告诉利益相关者他们将会得到什么。很显然，要想造就开心的利益相关者，首先要知道他们想要什么。最简单的方法就是直接去问他们，而不要假定自己很了解；也不要认为所有利益相关者想要的东西都是一样的，更不要简单地认为所有利益相关者同等重要。把所有利益相关者列份名单，然后把他们的获利条件写下来，分析一下现有的项目能否满足所有股东的获利条件。如果不能，你要么需要把它们加入项目中，要么直接告诉股东有哪些特定的获利条件不可能实现。

我们将会在第七步中再次提及它。

具体工作形象化

形象化就是尝试想象出事情的形态。从某种角度讲，"白日梦"是一个更恰当的词语。形象化是一个很重要的技能，因为它会帮助你从多个角度去观察自己想要做的事情。通过把具体工作形象化，会产生很多戏剧化的、影响广泛的效果。

- 它会在一开始帮助你明确一个项目或一家企业的目标。

- 它缩小了目标的范围，能让你弄懂哪些事情是在企业范畴之内的，哪些事情不属于企业范畴。

- 就像我们在第一个案例中所看到的那样，它有助于开启目标流程，完成从（我们想做的）事情到（我们将）怎样做的传递。

- 当我们描绘了努力的方向、将会达成的目标，以及过程设计蓝图后，所有的参与者和利益相关者都会感受到巨大的鼓舞。

如果你想要一个关于把具体工作形象化的案例，可以参阅马丁·路德·金（Martin Luther King）于 1963 年在华盛顿所做的演讲"我有一个梦想"。

案例分享

案例 1　弄明白自己正在做什么

我们可以用一个案例来说明上述理念。假定你的企业正在大规模扩张，你需要更多的员工，因此设计了一则招聘广告。你把招聘内容写好，然后通过媒介发布出去，最后面试应聘者——看上去这样做就足够了。其实，你也可以尝试运用本书所提供的工具，看看能否带来更多的价值或发现新的视角。

首先，我们应该努力了解我们正在尝试做的事情。什么事件标志着这项工作的完成？这确实是一个有趣的问题，而这个问题的答案并不像看起来那么简单。这项工作的完成是以成功发布招聘广告为标准，还是以处理完应聘信息为标准？或者是以面试完应聘者为标准？还是以完成新员工的聘用为标准？或者是其他标准？如果我们花费了公司大量的资金去发布招聘广告，却没有任何回应，那么这算不算成功？这对我们来讲重要吗？（前提是那不是我们自己的钱！）如果现有员工看到了招聘广告，会不会产生关于薪资、职业晋升或其他方面的异议？如果对于新员工的聘用仅限于我们正在做的事情的范畴，那么是否面临跟其他部门如人力资源部门打交道的问题？我希望通过"什么事情标志着该项工作的结束"这个问题，你能发现"发布招聘广告"这件事根本不是一项单方面的工作，也不像看上去那么简单。

现在，假定我们把在特定报纸上发布招聘广告作为这项工作结束的标志，那么剩下的事情，比如，处理应聘结果、组织安排面试及提供职位就属于其他的工作内容了

（注意：这只是从我们自己的角度来确定这项工作的完成节点，我们也可以选择不同的节点）。确定之后，我们就知道这个问题的答案了："什么事件标志着这项工作的完成？"答案就是招聘广告刊登在报纸上或其他任何你先前计划好的地方。

那么，这件事的利益相关者是谁呢？他们的获利条件又是什么呢？

- 我们自己——我们想要发布反映公司需求的招聘广告。在招聘广告中应该体现出公司所提供的职位是如此吸引人，如果你不去应聘一定会后悔这方面的内容。另外，我们也希望项目的其他利益相关者开心。

- 我们的上司——他们希望通过招聘广告来宣传公司的正面形象。想象一下，当上司看报纸的时候，如果发现广告中存在影响公司形象的问题，肯定会不开心（这说明了审核和校对的重要性。这里就体现了思维进程是怎样引导我们从想要做的事情过渡到将怎样去做的）。这里的上司也可以演化成其他的高层利益相关者。

- 现有员工——我们需要确定招聘广告中的任何信息都属于公司公开的范畴。换句话说，不能让公司任何员工对招聘广告的内容感到震惊，比如，从这则广告中发现了某些他们从未了解的内容。

- 潜在应聘者——招聘广告需要传递给人们这样一个信息：这家公司是值得你为之工作、为之付出的。

- 我们的客户——可能我们并没想到利益相关者也包括客户。事实的确如此。现有的客户、潜在的客户都会看到这则广告，招聘信息会告诉他们公司在积极扩张。显然，只有发展势头良好的公司才会大规模招人。

· 报纸——只有当招聘广告符合报纸的要求时，它才会同意发布。

案例2　召开一次高效的会议

这个案例同样是为了告诉你如何确认自己正在做什么。

经过长时间调查，我们发现绝大部分管理者都认为开会是对他们时间的最大浪费。因此，在开会之前需要限定好会议时间。这样做你就会直奔主题，在第一时间实现通过这个会议要达成的目标。你会说："这就是我如何利用短暂高效的会议完成既定目标的。"

关于开会的这个观点能够扩展到所有事情上。

- 演讲。

- 拜访消费者或进行电话销售。

- 写项目状况报告——应该未雨绸缪，提前把项目报告写好。在你关注一个项目的时候，你是不是很希望桌上提前摆放好了这个项目的相关情况报告？你肯定希望如此。

- 面对新的一天。

案例3 学会设定目标

把具体工作形象化是个很好用的工具，我认为，这是最有效的设定目标的方式，无论对于企业还是个人都非常适用。所谓形象化，就是对自己想要做的工作，在脑海中虚拟整个工作流程，评估每个工作环节存在的问题和产生的影响。其实，这并不是什么新的工作思路，早在 500 年前，教皇利奥十世（Pope Leo X）就这样评价过达·芬奇："有这样一个男人，在他开始绘画之前他会拒绝做任何事情，他一直在脑海中虚拟绘画的完成过程。"在史蒂芬·柯维（Stephen Covey）的《高效能人士的七个习惯》（*The 7 Habits of Highly Effective People*）一书中，第二种习惯就是"一开始就要设想最后的结果"。形象化就是做这件事的最佳方法。

我们都很熟悉形象化。

从某种意义上讲，我们都很熟悉形象化。白日梦就是形象化的具体表现形式。在做白日梦的时候，我们的脑海中闪过一幅幅电影般的画面，这些画面的内容都是我们一直想做的事情。要设定个人目标，最好的方法就是想象一下，当这个目标实现时，你的生活会变成什么样子。你可以通过下面这些问题进行思维想象。

- 当你实现目标的那天到来时，生活会变成什么样子？你会怎样度过？从早上起床到晚上睡觉，你会有什么样的感受？

- 如果这一天到来了，你的雄心壮志、理想或希望又会是什么呢？

- 你的生活水平会发生改变吗？如果是一个商业目标，你在公司的地位会因此发生改变吗？

- 你是否将因此拥有权力、财富或其他现在不曾拥有的资产？

- 其他人是否会受到这个目标的影响？具体都有谁？（从商业角度出发，可能会包括老板、同事、客户、下属、团队成员、其他部门的人员；从个人角度出发，可能包括最亲近的家人、朋友、熟悉的人等。）这些人会受到怎样的影响？达成这一目标对他们来说意味着什么？

- 为什么你想要完成这个目标？

- 其他人会怎么评价你？包括那些受到这个目标影响的人们，以及不受这个目标影响但是认识你的人们。

- 你在完成这个目标的过程中想得到怎样的认可？

- 你是否认为完成这个目标比较困难？有可能失败吗？如果失败了，你会有怎样的感受呢？

案例 4　应对随时会发生变化的项目

迄今为止，我们已经讨论了如何完成某项工作设定的目标。当然，世界上的事情并非都按照我们设想的那样发生。有时候，几乎在我们刚刚确定利益相关者想要什么并开始这个项目时，事情就发生变化了。有些问题的出现是因为利益相关者应该提前但却没有提前告诉我们；有些问题是因为我们应该提前但却没有提前预见到；还有就是商业大环境发生了变化，或者我们需要应对竞争对手的某些行为；或者是当局将我们项目中的人员转到了其他项目上。而这种复杂多变，正是项目所具有的现实本性。

当这些改变发生时，你要意识到，只有三种正确的方式来应对这些变化。

1. 你可以说："哎，变化太大了。这和我们之前协商好的不一样。"比如，项目范围的扩大、人员的缩减，以及前提假设不再成立（之前，假定我们只需要在三个地方做这个项目，而现在我们必须在七个地方做），都是典型的重大变化。

2. 你可以用应急支出来应对改变（额外的时间、额外的费用、额外的人力支出，我们将在第五步详细讨论这一问题）。如果你足够聪明，你会在计划中安排这部分应急支出并且不会愚蠢到让人删减掉。

3. 你可以忍耐——要求你的团队和你一起晚上加班、周末加班，并把工作带回家里继续做等。

在一个正常的项目中，上述三种解决方式都会存在（是的，我认为第三种方式也没有什么问题——在期限内完成目标，解决客户的问题。但是我不同意把这种方式当作唯一的应变方式）。在一个不正常的项目中，所有的变化都会被容忍。我们很多人都遇到过这类情况，而这显然并不让人开心。

案例 5 "这应该不会耗费你太多时间……"

你遇到过这种情况吗？某人让你做某件事并声称这是件很小的事，应该不会耗费你太多时间——"小事一桩"。两年后，你发现自己还在做这件事，因为它竟然比阿斯旺水坝（Aswan Dam）工程还要浩大。

为了避免这一情况，以后当某人交给你这种他认为理所当然的小事情时，要先将这件事的利益相关者都列出来。如果你发现有将近六个或更多利益相关者，很显然，这件所谓的小事根本不是那个人所说的那么简单。

案例 6　确保你的目标是可完成的

这是我遇到的一件事。某跨国公司对年轻中层干部的年终考核标准是这样的——在一年的工作中是否提升了经营管理质量，并减少了上级对其工作审核和复查的必要。

这个考核标准有什么问题？问题就在于没人知道这个标准的具体含义。以这个标准去考核干部，又会有什么效果呢？最有可能的结果就是，被考核人认为自己即使遵循正确的方向去行动从而完成任务或项目也没多大用处。年底时，他的上司根本不会以正确的工作目标为标准进行考核。按照上述标准考核时，员工获得满分的机会又有多少呢？非常低，因为这种考核标准可以有无数种解释方式。

所以，如果你有这方面的问题，比如，你的目标是模糊的，像"很好地完成这些项目""让消费者获得良好的服务""为野生动物提供更好的生存环境"，你最好学会解决它。如果你不尝试解决，你将会因此面临困境。在为模糊不清的目标耗费精力后，你只会发现自己所做的很多事情都是错误的。

因此，不妨去跟你的上司谈一谈："老板，在年终考核时，我们如何让所有人都能明确评判我的工作业绩呢？"然后，利用本部分内容提出的相关工具，梳理出考核业绩的合理标准。比如，以销售的商品数量作为业绩考核标准，这是个非常简单的指标。所有工作的有效标准都是可以确定的，只是费一点时间。而这项工作需要你自己来做，因为无论怎么看，老板是不会做这件事的。我希望你能意识到做这件事的好处，因为你一旦确立了考核标准，那么你所做的一切都会朝着完成目标的正确方向前进，从你自己的角度讲，你的努力将不会白费。

> 有时，我们只需付出一点努力
> 就能确立合理的目标。

开始行动

1. 把你要做的事情写下来——确认你的"项目"清单。

2. 用我们在"理念应用"这一部分讲到的工具来分析新鲜事物，然后再把它加入你的项目列表中。

3. 只操作正常的项目，在项目发生变化的时候做出正确的选择（从三种解决方式中选择）。

制订计划，建立事件的连续性

基本理念：建立事件的连续性并去执行！

提出问题

你同意以下观点吗？

- 当你在计划一个项目时，按照传统的方法，你只能规划该项目下一阶段的细节，对于再往后要做什么只能依靠猜测。

- 你正在与一位律师打交道，当你问他法律的一点进步需要经历多长时间时，他会回答"一根绳子有多长，就需要多长时间"或者"需要它所需要耗费的时间"。这是一个合理的回答，因为一些事情本来就是这样的。

解说理念

首先，我们避开上述两个观点——如果你同意其中的一个观点，那么你就完全错了。想知道原因，请继续读下去。

几年之前，我认识的两个朋友决定带他们的孩子去法国巴黎迪士尼乐园玩，他们告诉了我他们的计划：在星期五晚上飞到巴黎，星期六吃过早餐后离开市中心去迪士尼，玩遍所有的游乐设施，然后回来哄孩子上床睡觉，而他们二人则在洗澡、更衣后出门享受美好的晚餐。

我的第一反应是"这将是漫长的一天"，大概是我脑海中的那个"项目经理"瞬间苏醒了，不过听起来，这个星期六好像会一直延续到星期日。当我把他们要做的所有事情都写下来时，更证实了我的怀疑，下面是他们星期六的日程——暂且假定这是最好的情况。

离开酒店	9：00	考虑到带着孩子，做到这一点太不容易了
从巴黎市中心到迪士尼乐园	9：00—11：00	
在迪士尼里玩一天	11：00—19：00	最少也需要8小时
从迪士尼到巴黎市中心	19：00—21：00	
哄孩子睡觉	21：00—23：00	你不能一回来就催促他们睡觉
冲个热水澡	23：00—24：00	最少需要1小时才能达到放松的效果
梳妆打扮	24：00—01：00	这已经是星期日了
寻找／到达餐厅	01：00—01：30	假设午夜还有营业的餐厅！嗨，这里是巴黎——肯定会有的
享受美好的晚餐	01：30—04：30	聊3个小时用来放松？他们肯定已经处于昏睡状态了

　　这个故事的重点并不是说谁是愚蠢的，而是为了说明事件总是由一系列的小事件组成的，是有连续性的。但很多人都没有意识到这一点，或是即便认识到了，也没有真正理解其中的含义。

因为某些原因——我认为是遗传自父亲——我是非常严谨、守旧的时间主义者。如果我跟某人约好 3 点见面，我一定会在 3 点前到，如果他 3 点没有到，我会立刻开始猜测是不是出问题了。很长时间后我才意识到，在这方面很少有人像我一样，于是我开始相信，很少有人根据事件的连续性去思考。

某人跟你约好在某个时间见面，一般而言，以我的经验，他们不会再考虑其他的会面——匆匆忙完事情，穿过市区，找一个不熟悉的地方或停车位，所有这些事情都足以将你们的会面搞得一塌糊涂。我曾经在这样一家公司工作，那家公司的人对开会的时间都没有概念，经常在星期三问："这是星期一的营销会吗？"这一切让信奉连续论的我抓狂不已。

> 总而言之，不注意事件的连续性，
> 你什么事情都做不了。

　　对于"事件连续性很重要"这个观点，最有说服力的理由其实很简单——如果你不注意事件的连续性，你什么事情都做不了。打个比方，假如你想买一所房子，房产中介给你打来电话，说"房主对你的出价很满意，看来我们胜券在握了，太好了"，你说"是的，太棒了"，然后挂断电话。如果只做了这些，可能不会发生任何事情。因为房产中介在等你进行下一步的行动，而你在等他进行下一步的行动，双方都在等待的结果就是什么事情都不会发生。但是如果你问"接下来怎么办"，或者他自告奋勇地说"那么接下来应该这样"，事情就能够连续性地发展下去。

　　也许你在买房子或其他一些非常重要的个人事件中并不会遭遇类似的情况，但是，你参加的会议是不是经常出现下面的情况：在一场思想交流会议中，所有人都赞成去解决问题并且确定了方法，然后大家就散会了。而让人惊讶的是，最后什么事情都没有发生。这是因为没有形成会议决议的后续机制，导致事件没有连续性——达成共识就结束了，没有确定以后该怎么办。没有人根据会议列出具体的行动计划，仅仅是确定了每个人对这件事的认识（理想的做法应该是写下来，形成会议纪要）。

艾琳·C.夏皮罗在她的著作《七大克星：新时代经营管理的克星及对策》中讨论了企业陷入麻烦的原因，第一克星是太多的公司都制定了宏大的目标，却对"怎样"实现这些目标缺乏关注。她所讲的正是我要表达的：如果事件不具有连续性，什么都做不了。正如比尔·盖茨所说的那样："没有行动的愿望都是白日梦。"

与专业人士打交道也是一个极其令人头疼的问题。医生、律师和软件工程师也许都是非常糟糕的交流对象，但是某些时候你不得不面对这些人。你明白我的意思——某些人自认为比你懂得多，所以要求你把事情留给他们去做。他们会用所谓专业的方式跟你进行技术性闲聊（通常都是居高临下的），希望你精神上受挫，然后保持沉默。

如果这仍不起作用，你仍然向他们提问题，他们会继续用一波又一波的技术性闲聊来胁迫你闭嘴。几乎都是这种套路——尤其是跟律师和软件工程师打交道时——你会有这样一种感觉："它就需要那么长时间，别问为什么——就是会这样。"

事实上，医生、律师和软件工程师——甚至所有专业人士——都只是按照程序化的模式处理各种事情。将你的健康乃至生命交给这样的医生是十分危险的。如果是律师，那么你就要担心自己的财产安全了。同样，在当今社会中，人们也需要跟软件工程师打交道。如果你在和一名医生、律师或软件工程师打交道——那么他们的责任应该是清楚地告诉你事情的所有环节和应该注意的事项，而不是大包大揽到自己身上。

> 你有权问清楚事情的所有细节。

此外，你有权问清楚事情的所有细节，尤其是跟律师和软件工程师打交道的时候。比如，你可以问接下来会怎样？你刚刚说的是什么意思？你能否用通俗的语言来解释刚才的话？谁在做什么？为什么花这么长时间（"就是这样"是不合理的回答）？为什么不能快一些？阻碍是什么？用简单的语言跟我解释谁在做什么？我该怎么做？你要一直问下去，直到你在脑海中对正在发生的事情形成一幅清晰的画面。不要害怕对专业人士的计划提出建议或改进意见（也就是保持事件的连续性）。一旦他们明白了游戏规则，他们将会为你或你的公司提供更好的服务。

换个角度看，事件的连续性是我们理解将来会发生什么的最佳着手点。所谓事件的连续性，就是我们的计划，或者更准确地讲，是制订计划的依据和基础。好的事件连续性决定了好的计划。一些重大事件，如诺曼底登陆是怎样计划的？这主要是基于很多人完成了巨大、复杂、彼此关联的连续性事件。

如果我们知道自己正在努力做什么（从第二步开始），能够建立事件的连续性并去执行，那么我们将会得到梦寐以求的东西。接下来的问题是，什么工具能帮助我们建立起事件的连续性？具体来说有以下六个方面。

- 一开始就做好计划。

- 把计划做得详细周到。

- 清楚地说出自己的意图。

- 善于运用知识和假设。

- 懂得运用因果关系。

- 记录已经发生的事情。

下面我们会依次讨论这六个方面的内容。

理念应用

一开始就做好计划

有三种方式可以帮助我们建立事件的连续性，不幸的是，其中两种方式不是很好，更糟糕的是，这两种方式还是最常用的！

第一种方式是什么都不做，等事件的连续性自己展现出来。这里有个例子：查理早上到办公室后先问自己，"我今天要做什么呢"。他做了一些事情，然后发现他需要其他人提供一些帮助，于是他漫步到走廊说："嗨，弗瑞德（Fred），你能给我提供一些帮助吗？"但是，弗瑞德说他得到星期五才有时间帮他，于是查理耸耸肩，转而去做其他事情了。类似的事情是不是经常发生？

在你的公司里，很多项目都在
按照这样的方式进行。

很显然，没有人会有意识地这么做，但是在日常生活中总会有一些项目是按这样的方式进行的。之所以如此，并不是因为人们愚蠢或缺乏能力，而是由于他们任务繁多，因此不得不同时开展更多的事情。而对单一项目而言，并没有给予它足够的有效时间，那么类似上面的情景就发生了。

建立事件连续性的第二种方式可以用一个发生在真实环境下的简单案例来说明。早晨，你到达办公室后翻看了待办清单。当你开始做清单上的第一件事时，有人通知你参加 9：30 的会议。在开会期间，有人敲门找你，说"我能耽误你几分钟吗"。就在你和他谈话的时候，你的手机铃声响了，于是你接听电话。还没接听完电话，计算机"叮"地响了一声提醒你收到了一封邮件。紧接着，你的电话座机又响了……你肯定已经明白了，从某种程度上讲，你确实是匆匆忙完了一天。一会儿到这里，一会儿去那里，一会儿做这件事，一会儿又去干那件事。这时的你肯定非常熟悉一个以 F 开头的单词——"救火"（Firefighting）。

救火是一个用来描述如何处理危机或意外状况的术语。当一件意料之外的事发生时，你不得不去处理它，这就是救火。

当然，救火的情况普遍存在。不管人们计划得多仔细，总是难免会有突发事件打乱最初的计划。但并不是项目中所有的事情都是突发事件。有些事情是可以预测的——只要你提前考虑到。不过，我要明确地告诉大家，救火，这种由短暂的突发事件所衍生的行为，绝对不是创建事件连续性的正确方法。

讲到这里，创建事件的连续性还剩下最后一种可能性。那就是一开始就要把事情做正确。在你向股东做出任何承诺之前，在你雇用人员、分配任务或制定财政预算时，你需要建立尽可能多的事件连续性。突发事件还是会发生，但这时，你就可以省下力气去处理那些真正的突发事件，而不是那些因为之前考虑不周而产生的突发事件了。

把计划做得详细周到

接下来需要考虑的重点是如何将事件连续性做得异常详细。进行诺曼底登陆的人们不会仅仅说：

- 开始；

- 集合五支部队；

- 将他们船运到诺曼底；

- 上岸；

- 结束。

也许最宏观的计划蓝图是这样的，但是为了确保计划在任何条件下都能行之有效，并让部队进退有据，需要考虑到尽可能多的细节，确保各个细节工作都能够有条不紊地完成，避免细节方面的漏洞。正如西方谚语所讲："恶魔总是藏在细节里。"的确如此。只有当我们深入到细节中去时，只有当我们想象到正在发生的众多事情，想象每一件事的结果是如何成为另一事件的开始时，我们才能发掘出所有潜在的障碍。但是也有例外，因为就我们现在遇到的大多数情况而言，能将未来五天的工作细节进行准确估量是我们需要努力的方向。这就意味着，根据工作规模的大小，在具备估测未来五天工作细节的能力之前，你要不断思考、检查现有工作的所有细节。

清楚地说出自己的意图

我在自己的项目管理课程中做了一个测试，让人们自己测算一下，完成一项名为"审阅文件"的任务需要多少时间。任务的内容是审阅一份特定的文件，这份文件大约15页。信不信由你，这些年来我收到的回答从30分钟到六个月都有。

为什么差异会这么大？是因为我所说的"审阅"是模糊的。因为如果我指的是由一个人审阅这15页文件，那么30分钟也许是正确的答案；但如果我指的是个人审阅，随后开会，之后校正，再之后为了签署文件做二次审阅，接着可能是一个更高层次的审阅循环，例如，高级管理层再次审阅，那么答案就可能是六个月了。

所以，当你描述事件的连续性时，一定要讲清楚你具体指的是什么。"把你的交流对象看作一个6岁的孩子"

是我给课程学员的建议。

把你的交流对象看作一个 6 岁的孩子。

善于运用知识和假设

当然，你可能会反对："我不可能知道所有的事情，也不可能知道所有的细节。"的确如此。那就更简单了。在能运用知识的地方运用它。而当你遇到一些你没有这方面的知识也不知道接下来会如何演变的事情时，就做一些假设。例如，同盟军如何知道在奥马哈海滩（Omaha Beach）会遇到哪些敌人。回答是，他们也不知道。但是，他们有建立在情报和侦查等多方努力基础上的知识。剩下的就是做假设了，这些假设能够使他们继续将事件的连续性串起来。

懂得运用因果关系

这就是说，所有的工作环节都不是孤立的，所以一旦你写下一个工作环节的计划，就会触发其他工作。然后触发更多的工作，这就建立了事件的连续性。因此，你需要做的是写下第一份工作计划，然后不断地问自己"接下来会发生什么"这个问题。

记录已经发生的事情

之前所讲的工具都是以假定你是从一张空白的纸开始为前提的。很多情况下确实如此，你现在所做的这件事之前从未做过，于是你陷入了巨大的未知危机中。但更经常发生的情况是，我们正在做的事情是之前已经做过的，例如，即使是诺曼底登陆，也是借鉴了两年之前发生的灾难性的迪耶普（Dieppe）两栖突袭行动。因此，我们可以利用他人的经验建立事件的连续性——我们团队所积累的经验或许是前辈的，或许是组织内某个人在某时某地获得的。

即便没有实例可循，也不会妨碍你通过自己的经历快速建立起个人的知识库。当你创建事件的连续性时，要将事实上发生了什么及如何发生与最初的连续性推测进行对比。比如，你之前认为完成某件事需要 3 天时间，但事实上只用了 2 天。用这种方式获取的经验是非常宝贵的。

下次你要计划类似的事情时，就会发现数据库里的有用信息能够为你提供巨大的帮助。此外，如果你被要求去审核他人的计划，你可以将他们的计划与你脑海中的数据库存储的内容进行比较，并得出有用的结论。最后，如果某人（如老板或利益相关者）质疑你的评估结论，你可以这么说："要知道，在此之前我完成过 5 次类似的工作，都需要用这么长的时间。"这将会给你的评估结论增添很强的权威性。

以上就是六种帮助我们建立事件连续性的工具。不得不说，有一些人会因为嫌麻烦而绝对不会去建立事件的连续性，他们认为这样做太费劲了（其实不然），或者他们觉得自己缺乏这样的能力（其实他们能行），或者认为付出远远大于收益（这样想也是错的）。

最后，仅作为补充，如果你的工作是项目管理，那么现在你很可能已经推断出事件连续性其实与你平时所说的工作分解结构（WBS）非常相似。

案例分享

案例 1　策划一个项目

运用前面所讲的工具就可以策划和评估一个完整的项目。接下来让我们来看一个与现实非常贴近的项目，认真研究一下它是如何运作的，领会其中的要点。

打个比方，我们计划改变当前的一些商业进程。之前我们所运用的是一种既定的工作流程，但现在我们要将其转变成一种新的流程模式，这种变化不仅包括人们正在做的事情，还有他们正在用的计算机系统。让我们运用工具为这个项目创建一个计划，一步一步地进行。

第一步　确定需要完成的工作

这样的一个项目，全局性的工作环节安排应该是怎样的呢？

1. 确定需要改变的具体内容（对工作进程和计算机系统而言）。

2. 对工作进程做出改变。

3. 对计算机系统做出改变。

4. 公布新的工作方式和流程。

5. 按新的工作方式和流程进行全员培训。

6. 测试每一项工作。

7. 上线。

现在，让我们把其中的一项工作分解成若干细节工作。以第 6 点"测试每一项工作"为例，这项工作在制订计划之初是时间距离最远的，因此应该是最难的。

"测试每一项工作"在第 1~5 点完成后才可以开始。让我们运用工具。第 5 点讲到我们已经按新的工作方式和流程培训了每个人，那么接下来会发生什么呢？我们需要找出要测试什么。之后会怎样呢？我们需要一些人来执行这项测试。随后呢？我们纠正错误。接着应该做什么呢？继续测试以找出更多的错误。

由此，你已经知道了这项工作是如何运行的。当我写下来时，它可能就是下面这样的。

6　测试每一项工作。

　　6.1　确定测试对象。

　　6.2　让一些人执行测试并汇报错误。

　　6.3　修正错误。

　　6.4　重复 6.2 和 6.3 若干次。

好了，接下来的问题是，"若干次"具体是什么意思？很显然，我们不知道寻找和修正错误需要重复多少次，那么我们需要怎么做？做个假设，为了简易可控，假设需要重复三次。那么需要做的就是下面这样的流程。

6　测试每一项工作。

　　6.1　确定测试对象。

　　6.2　创建测试环境。

　　6.3　让一些人执行测试并汇报错误。

　　6.4　修正错误。

　　6.5　重复 6.3 和 6.4 三次。

第二步　确定工作环节的具体内容

让我们计算一下在每项工作中有多少工作量。

6.1　确定测试对象。这包含让某人制订某种测试计划。假设 1 个人需要 5 天时间完成这项工作，即 5PD（人日）。

6.2 创建测试环境。假设 1 个人需要 3 天时间完成这项工作，即 3PD。

6.3 让一些人执行测试并汇报错误。假设需要 3 个人，每人需要 2 天时间，即 6PD。

6.4 修正错误。假设我们发现了 10 个错误，并进一步假设在这 10 个错误中，1 个很严重，3 个一般，其余 6 个很小。最后，假设纠正 1 个重大错误需要 3 天时间，一般性错误需要 1 天时间，小错误需要 0.5 天时间。（注意，我只是把这些数字累计起来。如果这些假设能建立在之前的经验上当然最好了，否则你只能做最接近的猜测。）这样算下来，纠正错误所需要的总工作量就是 $1 \times 3 + 3 \times 1 + 6 \times 0.5 = 9PD$。

6.5 第二轮测试。假设我们又把每个环节都测试了一遍，不仅是第一次出错被修正的环节。（这是因为我们想确保我们没有因为修正错误而把新的错误引入先前测试正确的环节中。）这样的话，就需要第二个 6PD 的时间。假设在这次测试后我们又发现了少量错误——假设没有重大错误，有 1 个一般性错误和 4 个小错误，那么加起来就是 $1 \times 1 + 4 \times 0.5 = 3PD$。

最后，在第三轮测试中，在 3 个测试者每人花费 1 天时间测试后，假设每项工作都运转良好，不需要进一步修正，那么，累计的 PD 即如表 2-1 所示。

表 2-1　测试过程

测试	测试	修正	合计
第一轮测试	6	9	15
第二轮测试	6	3	9
第三轮测试	3	0	3
合计	15	12	27

第三步　确定相关性和持续时间

让我们加上相关性——因果关系、依赖关系（见表2-2）。

表 2-2　加入相关性的工作计划

依据	工作	工作量（人日）
步骤	开始	0
	1. 确定需要改变的具体内容	
1	2. 对工作进程做出改变	
2	3. 对计算机系统做出改变	
2、3	4. 公布新的工作方式和流程	
4	5. 按新的工作方式和流程进行全员培训	
5	6. 测试每一项工作	35
	6.1 确定测试对象	5
6.1	6.2 创建测试环境	3
6.2	6.3 让一些人执行测试并汇报错误（第一轮）	6
6.3	6.4 修正错误（第一轮）	9
6.4	6.5 让一些人执行测试并汇报错误（第二轮）	6
6.5	6.6 修正错误（第二轮）	3

（续表）

依据	工作	工作量（人日）
6.6	6.7 让一些人执行测试并汇报错误（第三轮）	3
6	7. 上线	
7	结束	

现在计算总共需要花费多长时间。（注意："多长时间"有时还被称为"持续时间"，要知道，"多长时间"跟"多少天的工作量"是不同的，后者是我们在上述环节计算的人日。）

6.1 确定测试对象。前面讲到需要 1 人 5 天时间，因此持续时间是 5 天。

6.2 创建测试环境。前面讲到需要 1 人 3 天时间，因此持续时间是 3 天。

6.3　让一些人执行测试并汇报错误（第一轮）。前面

讲到需要 3 人 2 天时间，因此持续时间就是 2 天。

6.4　以此类推就得到了表 2-3 中列明的计划。

第 4 步　确定预算

最后，让我们针对第 6 点"测试每一项工作"编制预
算。我们只需要意识到以下几个方面。

- 有些工作只包含特定数量的工作日。我们只要用工
  作天数乘以财政支付的日工资率即可。

- 有些工作包含先前附加的其他费用，如差旅费、设
  备费等。对于这些其他费用，我们可以：询问供应
  商；从网上查找相关资料；做出假设。

表 2-3 整体工作计划

依据	工作	工作量（人日）	持续时间（天数）
步骤	开始	0	
	1. 确定需要改变的具体内容		
1	2. 对工作进程做出改变		
2	3. 对计算机系统做出改变		
2、3	4. 公布新的工作方式和流程		
4	5. 按新的工作方式和流程进行全员培训		
5	6. 测试每一项工作	35	
5	6.1 确定测试对象	5	5
6.1	6.2 创建测试环境	3	3
6.2	6.3 让一些人执行测试并汇报错误（第一轮）	6	2
6.3	6.4 修正错误（第一轮）	9	3

（续表）

依据	工作	工作量（人日）	持续时间（天数）
6.4	6.5 让一些人执行测试并汇报错误（第二轮）	6	2
6.5	6.6 修正错误（第二轮）	3	1
6.6	6.7 让一些人执行测试并汇报错误（第三轮）	3	1
6	7. 上线		
7	结束		

- 有些工作是我们支出一些费用转包出去的。

这样我们就有了几乎整个项目的计划。为了完成它，我们需要做的就是添加"谁"要干"什么"，以及如何运行整个计划。

还有我们在本部分内容开头部分给出的制订计划的案例，就是朋友的法国巴黎迪士尼之旅。这些都包括了工作环节设计、每个环节持续的时间、做假设、谁做什么，以及工作量的测算等。

案例 2 如何把握好再次会谈

假定你要参加一次会议。你是被动地面对会议中突然出现的各种议题，还是提前做好计划呢？这个问题看起来很简单，因为你当然会选择后者。作为一个新手，你首先要确定自己想从这个会议中得到什么结果（第二步的理念），然后你才能知道怎样获取这一结果（第三步的理念）。

打个比方，这是一次跟客户约谈的会议，但有个困难的主题——需要重新建立已经疏远的客户关系。其实之前并没有发生过什么灾难性的事情，只是有时处理得不恰当、有时忽略了客户的感受或不自觉地往疏远客户的方向发展等。总之，没有专门关心和呵护与客户的关系。

我们想要从这次约谈中获得什么呢?

所以在会谈之前，你要问自己："我们想要从这次约谈中获得什么呢？"一个订单？很难。即使是由于幸运你获得了一个订单，你也可能会拒绝。现在你的重点是如何重塑与客户的关系。众所周知，罗马不是一天建成的。你或许认为，你今天最希望做到的是让客户感到你很重视他。你想让他知道，在这次会谈结束后，未来你仍然想跟他继续合作，并且对他来说你还有合作的价值。因此，在这次会谈中，你并不是为了一次性地推销自己。

假设你和老板两个人去参加会谈，你是这次会谈的联系人，老板则要拍板表态。针对这次会谈，客户只给了你们 20 分钟的时间。（除非有必要，否则尽量避免细枝末节的内容。重点是怎样表现出你们公司所做的努力，以及你们希望通过这次会谈达成什么共识。）现在，事件的连续性起作用了。通过与老板商议，你们事先约定了以下事项。

1. 你的老板发表会议开场白。他首先感谢客户抽出时间过来，向客户说明会议的目的是重塑之前被忽略的合作关系。还将解释你们公司未来的发展方向，展示公司的合作价值和美好前景。老板并且会着重强调，你们是多么希望在未来成为客户的主要供应商，然后他将给客户留出一段发牢骚的时间，倾听客户的不满，并一一做出解释和承诺。

2. 假设客户同意接受你们的提议，那么接下来就是这次会议最有意义的部分了。

3. 你将会忍气吞声地接受客户的抱怨，即使他们是错的也不去找借口或是纠正他。你可以偶尔告诉他，为解决他提到的问题你们已经展开的行动。你的老板将会引导会谈的进程，你负责做好记录。

4. 你们要将前三部分的时间控制在 15 分钟内，这样才能在客户规定的 20 分钟内实现本次会谈的目标，然后从容离开。

5. 鉴于每次会议都应该形成有实际意义的决议，以保持事件连续性的完整，你可以提及公司的下一步计划，比如，准备参加客户公司项目的投标（表明你们的态度和行动），提醒客户下次寻求供应商时优先考虑你们（希望客户展现的态度和行动）。

6. 最后，你将感谢客户抽出时间参加这次会谈，提醒他你们公司所能创造的价值，重申你们希望忘掉过去、着眼于未来，希望双方创建更好的合作关系，然后礼貌地和客户说再见。

明确自己的目标，按照既定计划推进才有可能最终达成目标。假如目标都错了，那么你能做的就只是希望保留尽量多的尊严逃出来。

再次说明，细节远不如运用这两个理念的意识重要——确定你想要做什么，然后将事件连续性落实到位去做这件事。

案例 3　同时处理一堆事情 / 优先处理

你可能在努力做一堆事情。如果你尚未建立起事件的连续性，那么很可能你在处理每件事时只能蜻蜓点水，而且从来不确定你是否正在处理正确的事情，以及你的处理方式是否正确。

一旦你对正在努力做的事情建立了连续性，一切都会不同。连贯的事件就好比一堆待办事项。你可以通过处理这堆事项最顶部的项目来推动这个特定的事件向前发展。更有用的是，当新的事情从外面飘然而至时，你能够将它跟你正在做的那堆事情做比较，看它们是否跟这堆事情相关。如果是，你可以处理它们；如果不是，你可以把它们放到一边（因此，处理收件箱的最好的方法是：查看那些需要立即处理的邮件，也就是跟你做的一堆事情相关的邮件，其他的放在文件夹里每个星期、每两个星期或每月清理一次，我认为间隔时间越长越好）。

除此之外，如果你擅长在一堆事情中分门别类，清楚地知道应该优先处理哪些事情，那么你就能将这些事情的数量削减到最小化（因此，你处理这堆事情的速度就会大幅提高），并获得最大的效率（人们怀疑在这里面存在一个二八法则，即 20% 的精力能够处理 80% 的工作）。为了更好地进行优先处理，你需要做到以下几点。审视一下让你忙得不可开交的所有事情，问问自己："假如我只做一件事，应该是哪件事呢？"得到答案后，对剩下的事情做同样的提问，直到所有的事情都被标注了优先次序。一定要确保没有两件事处于同样的优先顺序，否则就不是真正的优先了。

> 问问自己："假如我只做一件事，
> 应该是哪件事呢？"

案例 4　加快做事的速度

你正在努力做的每一件事都有连续性，这意味着你可以对它们提速。你知道它们是如何发展的。有些我们想做的事情一定会涉及其他人。我们完成自己负责的部分后将其传递给其他人，然后这件事就以某种"假死"的状态被搁置起来了。

但如果我们有一堆事情，我们应该多往前看几步，去寻找那些完成后能推动事情向前发展的事件，而不是只停在顶部。因此，当我们在等待其他事情发生时，我们仍能够向前推进。这在给落后者施压，在促使他们完成工作时起到了很好的效果。

案例 5　讨论毫无用处

你遇到过讨论起不到任何作用的情形吗？你肯定明白我的意思。你跟某个或某些同事就某件事讨论后达成了一致。但是，你们并没有明确"谁应该做什么"，所以在讨论结束后，每个人都拍屁股走了，最后什么都没有发生（实际上，以我的经验来看，绝大部分会议最终都变成了这种结局）。

知道任何事件都有连续性就会防止这种情况发生。如果就某件事达成了一致，那么对任何要发生的事情，事件的连续性肯定会紧随这个"一致"体现出来。人们应该根据共识定下来开展一两项工作（也就是让人们有所行动），以确保随时出现的好的想法在讨论后也不会被遗忘，而是能付诸行动。

开始行动

1. 把你要做的事情列成清单。

2. 定期更新——每天或每个星期，只要对你有用就行。

3. 使用第二步的理念去理解新事物，然后运用我们在"理念应用"环节中描述的工具建立事件的连续性。让事件按顺序叠放在一起，并借助我们已经讲过的内容处理这些事件。

4. 在会议结束后有所行动，如打电话回访等。

5. 同时做面包和其他事情。做面包是体现事件连续性的一个传统案例。在做面包的同时做一件或多件事是锻炼同时做很多事情（也就是控制事件的连续性）的极好方法。

6. 制订计划（也就是努力保持事件连续性），这对一次会议、一个工作日或一个项目来说是极其有效的做法。

开始行动，并发挥团队的力量

基本理念：如果不去做，永远都做不完！

提出问题

用一分钟时间回答以下两个问题。

- 你被叫去"拯救"一个项目或一家企业。事实上当前有一个计划。这个计划有明确的目标及复杂的工作列表（事件连续性）。通过审阅这个计划，你发现大部分工作安排中都有类似的词语："新员工""其他人员"等笼统的称呼，而不是确切的人名。这是不是企业出现问题的主要原因呢？

- 你现在需要完成一项新的任务，你可以选择自己喜欢的同事和工作伙伴。以下哪项最有可能导致你的任务失败呢？

（1）支付的薪酬太低。

（2）工作环境恶劣。

（3）团队的力量无法发挥。

（4）你的管理不善。

解说理念

一旦你知道了自己现在要努力做什么（第二步）及需要发生什么才能做到（第三步），接下来就是完成这些事情。这就是本部分要讲的内容。我们先来看一个故事。

若干年前，我前妻的侄子毕业后到我们公司实习了几个星期。就在他开始实习不久，我跟他聊天，他问我："你在这里到底做什么呢？"我跟他解释我们是一家针对高科技和知识型企业的项目管理公司。我们的主营业务是培训、咨询，以及为客户运营项目。接下来，他开始打听培训课程的内容："我们要教他们什么呢？"我说："我们教他们项目规划，比如，你有一个巨大的项目要做，如何把它们分解成许多小工作。""还有其他的吗？""我们还教给他们，如果你不去做，工作就不会完成。"他笑了："你们教成年人这个吗？"我点了点头。"很贵吗？""反正不便宜。"我回答。他笑着摇了摇头说："我最好还是回去工作吧。"说完便离开了。

> 如果不去做，工作就永远不会完成。

这实在是再明显不过了：如果不去做，事情就永远不会完成。当没有完成的事情达到一定数量时，就会出问题，有时甚至更糟。一般来说，人们不会故意地不去做某事。但这为什么还会发生呢？原因有很多，最突出的几点如下。

- 困惑。他们不知道应该去做哪些事情，或者准确地说，他们不知道自己应该做什么。

- 超出承诺范围。他们知道应该做什么但是却没有时间去做。

- 超出能力范围。他们没有做这项工作的专业知识、经验，也没有受过相关培训。

因此，如果要解决这一问题，我们必须针对上面三个重要因素采取应对措施。我们的工具如下。

- 将工作落实到人。这可以解决个体困惑的问题。

- 舞会卡（依次列出某女士同意与其跳舞的卡片）——解决承诺过多的问题，也可以解决组织内部的混乱状况。

- 使团队的力量最大化。解决能力不足的问题。

那么，本部分内容开头提出的问题的答案是什么呢？关于第一个问题，如果目标是确定的（第二步），并仔细考虑了事件的连续性（第三步），那么这个计划就是可行的。这难道不合乎情理吗？如果事情应该去做而没有去做，那当然会搞砸了。

关于第二个问题，答案是"团队的力量无法发挥"。只发挥人们的弱点肯定会导致工作效率一落千丈，速度之快甚至让你来不及谈到"人力资源问题"。

理念应用

将工作落实到人

第一种工具是极其简单明了的。我们只需要确定，在一次会议或电话访问结束后，在项目或企业运营之前，明确谁需要做什么。我认为，在企业的最初发展阶段，我们都不知道谁更适合做哪一块工作。人员不一定是非常确定的。做此类工作时，我们可以填上笼统的名字，如"市场营销人员""机械师"或"设计师"，乃至"新员工""其他人员"等。

但是在某项工作将要做之前，最好明确负责该项工作的人员，确保有一个热情的、活跃的、可爱的人已经准备好完成这项工作。

舞会卡

以前你或许没有以这种方式考虑过问题，其实，我们生活中的大部分时间都是在解决供给与需求问题。我们没有足够的钱（供给）去做我们想做的所有事情（需求）。或者，我们做了一桩很成功的生意，收益（增加的供给能力）超过支出（生意的需求）。又或者，我们的生意失败了，因为收益（增加的供给）少于支出（必须满足的需求）。考虑到资源问题，我们（作为一个系统、一个部门、一个组织、一家公司）想做的事情太多，但是人员或设备并不能满足需要。就时间问题来说，在一天中，我们似乎总是没有足够的时间（供给），让我们做所有想做的、必须做的或已经许诺要做的事情（需求）。

> 我们生活中的大部分时间都是
> 在解决供给与需求问题。

舞会卡是从供需角度研究时间安排的一种方式。简单地讲，舞会卡是源自上流社会的一种交际方式。当女士们参加舞会时，她们会在舞会上出示一张舞会卡，表明她们那天晚上是有时间的。然后，如果一位绅士想跟她们跳舞，他就会把他的名字写在某个特殊的舞种之后：华尔兹、探戈或其他。如此一来，这个时间空当就被预定了，其他人就不能再预定这个时间段了。

同理，你在每天、每个星期、每月和每年都有可利用的时间空当。在工作、家庭或不论哪里，你的老板、客户、员工、孩子、妻子、丈夫、男朋友、女朋友等预定了你特定的时间空当。如果是这样，一般来讲，你不可能满足他们对你的时间的要求。那么，你怎么确保时间能用在合适的地方呢？舞会卡能够帮助我们解决这个问题，让我们先看一下它是什么样子的（见表4-1）。

表 4-1 舞会卡示例

项目	基本天数	总计	11月	12月	1月	2月	3月	4月	5月	6月
可利用天数合计	160		20	20	20	20	20	20	20	20
1 亚伯项目	25天	25	2.5	2.5	2.5	3.5	3.5	3.5	3.5	3.5
2 贝克项目	25天	25	2.5	2.5	2.5	3.5	3.5	3.5	3.5	3.5
3 查理项目	2dpm	16	2	2	2	2	2	2	2	2
4 道格项目	1dpw	40	5	5	5	5	5	5	5	5
5 邮件	8dpm	64	8	8	8	8	8	8	8	8
6 培训人员	1dpm	8	1	1	1	1	1	1	1	1
7 招聘	1dpm	8	1	1	1	1	1	1	1	1
8 简单项目	10天	10	2	2	1	1	1	1	1	1
9 假期	5天	5		5						
10 会议	2.5dpw	80	10	10	10	10	10	10	10	10
11 培训课程	2天	2	0.5	0.5	1					

（续表）

可利用天数合计	160	20	20	20	20	20	20	20	20
12 旅行	2天			2					
13 电话会议	0.5dpm	0.5	0.5	0.5	0.5	0.5	0.5	0.5	0.5
总天数	289	35.0	40.0	36.5	35.5	35.5	35.5	35.5	35.5

注：① dpm 表示每月所用天数；
② dpw 表示每星期所用天数。

我确信你会觉得它看上去似乎是用电子表格制成的。最左边的一列列出了舞会卡所有者涉及的所有事项。接下来的两列表示完成相关事项在当期需要多少工作天数。每月所用天数（dpm）、每星期所用天数（dpw）和每天所用小时数等都是评估工作量的好方法。剩下的列次表示在此期间工作是怎么开展的。在这个案例里，时间跨度是8个月。最上边的一行表示每月有多少可利用天数及整个项目期间的可利用天数（160）。（注意：我们已假设每个月可利用20天，即不同国家的工作日数量是一样的，但是你也可以根据自己的实际情况增加或减少天数。例如，在欧洲大多数国家，12月绝对不是只有20个工作日。）最下面一行是舞会卡所有者需要做的所有工作要求的总天数，在这个案例中是289天。

现在，卡片所有者有问题需要处理了，因为完成所有工作所需的天数远远超过了可以利用的天数——这让你对时间的需求和供给有了直观而清晰的认识。我们将会在本部分内容第一个案例中讲到如何解决这个问题。这里首先还是希望你能意识到，舞会卡是帮助你认识到自己是否"超出承诺范围"的好工具。

使团队的力量最大化

最愚蠢的假设之一就是，既然已经建立了事件的连续性，也把每一项工作都在团队成员中进行了分配，那么所有事情肯定会按原定计划顺利进行。事实显然不是这样的，除了之前提到的三点原因：困惑、承诺过多、专业知识和能力欠缺外，还有一个量才使用的问题。进一步讲，我们可以这么想：假定每个人都有优势和弱势，我们怎样做才能使团队发挥出尽可能多的优势，并且减少团队成员的弱势所带来的负面影响？

> 我们怎样做才能使团队发挥出尽可能多的优势？

为了给书籍、MBA 论文和其他所有要用到纸张来书写的东西提供纸，整个热带雨林都被破坏了。然而，为了践行找到一个简单的解决办法（第一步的理念）的哲学理念，下面我给大家讲一个既高效又简单的办法。

为每项工作指派专人，并对这一行为进行专业评估，如表 4-2 所示的第二列。

表 4-2　人员评估

人员类型	类型描述	管理模式
明星人员	这类人喜欢做特定的工作，具备一切必需的技能并几乎可以确定会完成工作	让他们按照自己的方式完成工作，尽量不要干预他们
可依赖人员	这类人很愿意工作并知道工作方法。也许他们对于这项工作不是那么热情，但他们还是很可能会完成它	别妨碍他们，但也别对他们抱有百分之百的信心

（续表）

人员类型	类型描述	管理模式
不确定人员	这类人由于各种原因，如缺乏动力、专业技能或时间不够等，很可能不会很好地完成工作任务	尽快对这类人进行细分，分配给他们一些工作，并根据工作成效判断他们的能力。如果他们能较好地完成工作，可归于第二类可依赖人员，如果不能，只能归于第五类无希望人员
实习人员	不论从哪方面看，他们都是新人，在确认他们具备可以完成工作的能力之前，需要对他们进行手把手的指导、正规的培训和细节管理	如前所述，要确保他们至少可以成为第二类可依赖人员
无希望人员	他们不会完成任务，所以你需要寻找其他方法来完成这项工作	你需要对这类人做出合理处置。你的选择包括解雇他们或对他们进行改造

　　现在我们来讨论一下这个方法。首先，如果我们未曾跟某人共事过，那如何才能知道他属于哪一类呢？很简单，交给他们一些工作去做。在交付2次或3次工作或根本没有完成工作后，我们自然会有十分清晰的判断。

接下来，由谁来决定某个人属于哪一类呢？有两种选择。一是你自己根据工作人员的表现做出决定。还有一种选择，效果会更好，但是也更难以实现，那就是你和这个人同时评估他在特定工作中表现出来的能力，他可以对你的评估提出自己的想法和意见，然后通过综合考虑做出决定。

最后，这些分类对你有什么用处呢？最重要的是你能够有针对性地管理工作团队。例如，你绝对不会像管理实习生那样对待明星人员。实际上，表4-2的第三列就展现了不同情形下的各类管理模式。

案例分享

案例1　日常时间管理

几十年前，有一个理论流传很广，说在不久的将来，人类所有的时间都是空闲的，以致不知道如何打发。其意思是，随着现代科技设备（尤其是计算机、智能手机、机器人等科技设备）的应用，大部分简单的人工劳动都会被取代。到那时，需要关注的仅仅是"怎样享乐"。有意思的是，之后你再也没有听到过这个理论。你可以尝试把它告诉这样一对普通的城市夫妻：他们早上必须很早起床、洗漱、吃饭，送孩子们去各自的学校或托儿所，在交通堵塞的情况下去上班并工作 8 小时（如果他们足够幸运），然后在晚上，再将这些事倒带般地重做一遍。

顺便说几句题外话，我认为上面这个设想和一些其他假设都存在一个根本的缺陷。根据第一步的理念"事情其实很简单"，能够帮助我们轻易地发现这个缺陷。有一个案例能够很好地说明这一点。你是否还记得"无纸化办公"这个理念？它曾在 19 世纪 80 年代风靡一时。其观点是，通过拥有足够内存空间的计算机、高速打印机、复印机和电子链接的应用，档案橱柜和纸质文件就会消失。因为任何事情都可以通过网络完成。简单想一下就知道这个观点很荒唐。如果人们有能力（利用计算机、互联网、打印机和复印机）创建和传送大量的文件，他们将会做什么呢？唯一的可能性就是，他们肯定会制造出更多的纸质文件。（这和交通问题是一样的道理。如果你制造出了更多的汽车，铺设了更多的道路，给人们提供了更好的驾驶环境，他们将会做什么呢？他们将会驾驶更多的车，拥挤在更多的道路上！）

因此，回到时间管理和空闲时间这一问题上来，如果人们有能力做更多的交流、减少紧迫感，会发生什么呢？人们会因此努力提高他们完成工作或谈生意的效率、节省更多的时间。他们会尽量更快地完成更多的事情。这会起到放松的效果吗？显然不会，谁会把更快地完成更多的事情当作一种放松的方式呢？

总而言之，就时间管理而言，在你的职业生涯中，你或许上过这方面的课程，或读过这方面的书籍。除非它们特别糟糕，否则你应该从中得到过一些好的建议。但是我敢打赌，你依旧不能解决现在面临的时间问题。这很简单，第四步的理念可以解释其原因。之所以出现时间管理问题，是因为你要做的事情太多，但却没有足够的时间去做。换一种说法，你的工作没有做完，是因为没有足够多的"你"去做。这也是大多数时间管理方面的书籍、课程的问题所在，它们并没有提出正确的解决之道。当然，它们可以教你如何更高效地利用时间。但那不是你真正想解决的问题。你真正想解决的问题是：你有太多的事情要做，但却没有足够的时间去做。

> 我们必须学会不做某些事情。

这一问题有什么解决办法吗？当然有。依照第一步的理念，解决方法会很简单。就是我们必须学会不做某些事情。如果从你工作到现在还没有听说过这个技巧，那么现在就应该开始学习它。

学习并练习恰当地说"不"

自己单独或跟朋友、同事坐到一起，列一份囊括12种如何恰当地说"不"的方式的清单。你会发现这样做其实很简单（如果你懒得这么做，你也可以借助搜索引擎）。在工作中或家里练习一下其中的某些方式，并坚持一个星期。我的意思不是说，你必须跟每一件事都说"不"，虽然在理论上你可以这样做，但是这不符合现实。恰当地说"不"能够使你避开一些没有必要去做的事情。如果坚持说"不"，你会得到什么呢？你将会找到减少待办事项的正确途径。这是好事吗？当然是，因为现在需要做的事情更少了，所以你能在可利用的时间内完成既定任务了。好了，接下来呢？

> 恰当地说"不"能够使你避开一些
> 没有必要去做的事情。

学习按照优先顺序给事情排序

　　首先是进行优先处理，这在第三步中已经讲过。列一份清单，然后问自己，"如果我只能做一件事，那么应该是哪件事呢？"这件事就是我们要第一优先处理的。然后对清单中剩下的内容继续问同样的问题，这就产生了需要第二优先处理的事情。一直这样做下去，直到按先后顺序排列好清单上所有的事情。事实上，要想出色地把事情排好顺序需要更长的时间，因为我们还需要缩减清单，就像你的舞会卡要求的那样做到供需平衡。换一种方式讲就是，清单上的一些事情是相当重要的，但有一些并不重要。所以要把时间投入重要的事情，对不重要的事情委婉地说"不"。

学习并练习制订计划

对于不得不做的事情，你肯定希望花最少的时间和精力把它们完成，尽可能避免突发事件，减少救火行为。这就需要事先制订好计划。关于这部分内容，我们在第三步中已讲过。

总结一下，你是如何解决有太多事情要做却没有足够时间去做这个问题的呢？

1. 弄明白在你的工作（生活）中哪些事情是十分重要的，哪些不是。

2. 学会对那些不重要的事情说"不"。

3. 对于那些十分重要的事情，做好计划然后付诸行动。以我个人的经验，我会告诉你，如果你打算这么做，并且真的付诸实施了，你将会被你的工作效率和工作质量所震惊。

案例 2　将目标统一起来

在完成工作的过程中经常会出现这样一个问题：有些员工在为你工作（比如，在一个项目或一个部门中），但他们做的却不是你所期望的。从某种意义上讲，这很糟糕。首先，很明显，你得不到你想要的。其次，更重要的是，当你发现后为时已晚。

有很多方法可以避免类似问题的出现，比如，严格依据公司宗旨进行管理——甚至包括像法律一样严谨的要求和纪律，以及采取平衡计分卡和关键绩效指标等措施。在我看来，舞会卡是处理这一问题的更好方式，你应该尝试这样去做。

1. 让每一位员工都做一张舞会卡。

2. 仔细地审阅（甚至是逐字逐行地审阅）他们的舞会卡。

3. 搞明白他们在这个时间段想要做什么。

4. 检查供需关系和现行建议的可行性（提示：比如，如果他们跟表 4-1 显示的那样超负荷，那么他们打算做的事情极有可能完不成。尽管找出这一点可能会打击员工的积极性，但现在发现总比以后疲于应付要好得多）。

5. 对舞会卡进行修正以便获得最终的、双方达成一致的、具有合理的供需平衡关系的版本。

6. 现在可以随他们去了——你会更有信心，此时他们即将做出的贡献会是你所期望的。

案例3　确保自己能履行承诺

你是否也经常碰到下面这些问题？

- 你在公司的产品开发或服务部门工作。依你看来，那些需要对客户做出产品保证、承诺的人员似乎总是做出不恰当的承诺。

- 你是市场营销人员或负责确保提供公司承诺过的客户服务的人员。但是，某些产品开发人员和服务人员似乎从未履行公司做过的承诺，甚至在你认为公司做出的承诺是相当合理的，而且你也反复核对过了"你能确定对这样的承诺有信心吗"的前提下，他们依然如此。

- 你是一名上述公司的领导。你有一种感觉，付出跟回报不成正比，你也不知道为什么你的公司效率很低。或者，你担心公司里某些人甚至有些愚笨，不知道自己究竟应该做什么。你已经尝试过很多措施，如培训人员、改变管理结构和人员构成、制订质量提升计划等，但始终难以根治存在的问题。

- 你是公司的一个员工，你发现自己工作越来越努力，但却变得越来越有压力。

> 如果你为上述问题所困扰，这说明你想做的太多而实际能做的太少。

如果你对上面的所有问题都回答是，你可能面临这样一个问题：组织内的需求超出了供给。更简单地说，就是你能力有限但却试图做更多的事情。你经常会问"还有什么事情要做"，我可以理解你为什么会这么问。在大多数组织内部都是这样的。的确，对于"应该只做自己力所能及的事情"这个观点一直存在争议。例如，在一篇题为"彻底改造你的公司"的文章中，作者加里·哈梅尔（Gary Hamel）提出"培养一种能激励创新的文化"，其第一条规则就是"设立超出常规的期望值"。他引用美国通用电气公司首席执行官的话说："我们希望能以每年20%或更高的收益率发展。雄心勃勃的目标会促使你对自己的机遇做出更多的思考。"

对于这样的观点，我真是感到无语。雄心勃勃的目标？这是必需的。以创新的思维去完成这一目标？这也是绝对正确的。但目标的制定和行为的选择绝不是以失去理智为代价，也绝不能以前文提到的"如果不去做，永远都做不完"为借口，这并不适用于此类问题。简单地说，如果你公司的员工不具备完成所有工作的能力，公司的目标肯定会落空，想要做的事情也不会全部完成。并且，由于需求（需要做的工作）跟供给（有能力做这些工作的人员）不匹配，最终结果可能会与预期目标背道而驰。

> 供需不匹配会导致
> 最终结果与预期目标背道而驰。

根据我的经验，很多公司都存在类似的问题，特别是那些发展迅猛的新兴企业及高科技公司——要实现它们的奋斗目标往往需要大量的资金支持，但其自身却不具备相应的实力。

那么，你应该怎么做呢？答案其实很简单，我们已经在本部分内容讲过了解决办法。先找出公司的需求有多少（需要做的工作）及存在多少供给（有能力做这些工作的人员），按优先顺序列出清单，然后精简清单。无须考虑加班时间或"弹性"目标（这里的"弹性"等同于"不可

能"或"疯狂的"这类概念）。表 4-3 列出了一个虚拟的
公司项目（在这个案例中，公司的主要业务是生产产品）
及预计工作量。假设公司的工作时间是 12 个月，总计有
1892 人周的有效人力。

表 4-3　一个虚拟的公司项目及预计工作量

项目	工作量
1 亚伯项目	8 人周
2 贝克项目	541 人周
3 查理项目	48 人周
4 道格项目	440 人周
5 简单项目	368 人周
6 服装项目	135 人周
7 高尔夫项目	976 人周
8 酒店项目	1032 人周
9 印度项目	256 人周
10 现存产品的维护（假定每种产品需要这些工作量）	392 人周
11 研发（假定需要这些工作量）	176 人周
12 培训（假定每个人需要这些工作量）	96 人周
以上合计	4468 人周
项目统筹管理 @10%	447 人周

（续表）

项目	工作量
意外支出 @15%	670 人周
总共	5585 人周

这里把正式员工及这段时间内将会雇用的员工都考虑在内了。我想你会发现这家公司存在一个"大"问题。我希望你能明白，如果你在这样一家公司工作，我在这个案例一开始提出的所有问题都会出现。

为了解决这些问题，需要把公司的工作量精简到供需平衡的节点。这需要做到以下几点：

- 把项目 10、项目 11 和项目 12 的工作量分配到各个项目中；

- 增加项目管理统筹和意外支出；

- 决定剩下的项目要做哪些，确保包括项目 10、项目 11、项目管理统筹和意外支出在内的整个项目所需的工作量不超过 1892 人周。

这是令人满意的解决办法吗？不，我不这么认为。当人们意识到所有的事情不会都完成时，他们肯定会很不高兴。必须这么做吗？对，我认为必须这么做。如果一家公司没有明确的目标，它的决定就会随机而定。如果你认为这对公司开展业务、完成既定目标来讲是一种很好的途径，那我也没什么好说的了。

我们不妨为这个案例加一个小脚注：你会发现我们隐含了一个假设，那就是所有员工的能力和效率都被当成一样的，他们的工作量都用人周来衡量，并且我们能够将他们集中到一起。在解决公司的供需问题时，我们首先需要坚持这个假设，然后当我们完成后，我们可以再细化、完善它。例如，在公司的产品生产活动中，我们可能不得不考虑需要多少设计员、生产工人、测试员等。

案例 4　学会应对干扰

你有没有考虑过，如果没有任何干扰，你的工作将会变得多么简单？你会把整个星期都计划好，准确安排需要做哪些事情。这时候的你做任何事情都有足够的时间，还能在星期五晚上充满成就感、兴高采烈地哼唱着歌曲下班回家。

> 你精心制订的计划会因为
> 各种干扰和意外而终结。

很不幸，现实生活并不会像上面说的那样，所以你精心制订的计划会因为各种干扰和意外而终结，而你在星期五下班回家后还搞不明白怎么可能已经星期五了，这一星期的时间都跑哪儿去了呢？

　　这个问题看起来难以解决，但事实上你是知道解决办法的。我称其为"约会法"。是这样的，想象在一个特别的日子里你有个约会。在这种情况下，你会怎么安排这一天呢？你肯定会尽可能精确地计划这一天，让需要做的每一件事严格地卡在每一个时间点上。不但如此，你还会做一些其他事情以确保约会成功。鉴于知道某个人可能会带给你意外或干扰，实际上你还会预留出一些时间。假设你必须在最晚 5：00 之前离开办公室去赴约，那么你绝对不会计划到 5：00 才结束所有的事情。因为这样做太危险了。相反，你会计划在 4：00 前结束，然后你或许可以在 4：00 离开，或者预留出这些时间用于应付突发事件。

　　现在，即便我们知道这些，也未必每天都会这么做。我们甚至还有可能做出完全相反的选择。即使我们已经从痛苦的经验中得知每天都有干扰，我们还是表现得像根本不会出现任何干扰一样。而且，当这些干扰出现时，我们还是会十分惊讶和不安。

为了应对这些干扰，通常的做法是每天都运用"约会法"。下面提供一个简单而有效的方法。

1. 选择一个星期，在这个星期中，每天都记录下你应对干扰的时间。

2. 由此计算出每天的平均值。

3. 这就是你在制订一天的计划时要算进去的必要时间。

具体如表 4-4 所示。假定对于一个特定的星期，你通过记录获得了以下内容。

表 4-4　一个星期 （工作日） 中应对干扰的时间

天	星期一	星期二	星期三	星期四	星期五
花费的时间（按小时计）	2	8	0.5	1.5	3

据此，你可以计算出每天的平均值是 3 小时。所以，在这一基础上，你很可能每天都要花费 3 小时应对各种干扰。通过把这一因素考虑在你的时间计划表内（比如，你可以做一个舞会卡），就能确保这一天的干扰不会搞砸你真正需要完成的事情。表中的星期二肯定是支离破碎的一天，但是有计划就能避免每天都像星期二那样。

案例 5　进行企业管理

让我们先来阅读下面一段资料。

事实上，在过去的 15 年中，甚至在上次经济萧条期间，就像其毛利润所反映的那样，在提高产品的生产力上，高露洁每年都创造了非凡的成绩。这一进程是稳扎稳打的，并取得了令人印象深刻的成功：在家用产品残酷的竞争环境和经济增长速度过缓的大环境下，在过去的五年中，高露洁的股票市值每年平均增长 28%。

这段话所摘自的文章强调在经济放缓或衰退期，生产力通常都会下跌得很厉害。这篇文章还讲到我们需要采取各种措施防止下滑发生。换句话说，我们需要在逆境中求生存、谋增长。这不仅能帮助你度过经济低迷期，还能在形势好转时让你处于一个更有利的位置。

不论你身处什么样的企业里，避免浪费都是改进生产力的有效途径之一。案例 1、案例 2 和案例 3 都提供了避免浪费的有效方法，并确保我们将有限的时间用在正确的事情上。

开始行动

1. 将你负责的所有项目、活动或事情列一份清单。

2. 确保在每一次会议或电话后，针对每一个项目、活动或事情都有一系列的后续措施（第三个理念）。对于其中的每一项工作，都要保证有一个有能力的人去做。

3. 充分发挥团队优势，规避劣势。

4. 准备一个舞会卡（时间规划卡），并利用它好好工作。如果你还没有准备，请用我们在案例1中讲到的方法制作一个。

5. 将舞会卡的理念传授给你的工作团队，然后利用这一方法将你们的目标统一起来。

6. 你也可以对你的同事这么做。这会让你清楚你们
   所有人计划的事情是否都符合领导对你们的期许，
   从而搞明白你的同事对公司的承诺。

7. 对公司业务方面的供需关系进行测算，并裁减掉
   不必要的工作。

8. 为应对干扰预留出时间。

第五步

分析和管理风险，并建立应急预案

基本理念：事情的结果往往和预期不一样！

提出问题

你认为下面三种说法是否正确?

- 有时候不得不让计划包含不确定性风险，这可能是应对风险的唯一办法。

- 风险是对你的项目或企业的威胁。在评估一个特定的风险时，最需要考虑的因素之一是其发生的可能性。

- 在评估一个特定的风险时，最需要考虑的因素之一是如果风险发生会带来怎样的影响。

解说理念

"生活中总是充满惊喜"。随着时间的流逝，我们要么发现自己一直在说这句话，要么就是被事实一次次地提醒这句话是多么正确。在某种意义上，我们目前所讲到的大部分理念——第二步的理念（弄明白自己要做什么）、第三步的理念（建立事件的连续性并去执行）、第四步的理念（如果不去做，永远都做不完）——都是在努力减少这些意想不到的事情发生的可能性。你可以把舞会卡作为一种预测未来、规避意外的方法。

尽管我们做了最大的努力，然而，总会有意想不到的状况在等着我们。"如果你不去主动应对项目中存在的风险，"《软件度量》（*Software Metrics*）的作者汤姆·吉尔伯（Tom Gilb）写道，"风险就会偷袭你。"有时候，我认为这就像我们在雷区里穿行。前面讲过的工具能帮助我们建立关于这个雷区的局部地图，但我们知道它是不完整的，未知的地雷仍在某处等着我们。

> ## 有了工具，就相当于
> ## 我们在经过雷区时穿着排雷服。

　　为了处理这些地雷，我们需要一些工具。第一种工具是采取应急措施。有了这种工具，就相当于我们在经过雷区时穿着排雷服。我们知道地雷就在那里，假设避免踩到所有的地雷是不可能的，那么有一些肯定会爆炸。在这种情况下，我们想要确保的是不会被炸死。这显然是一种很实用的方法，因为活着是一个值得称赞和有意义的目标！当意外发生时，我们希望这种工具能帮助我们做出处理。

　　然而，我们还可以做一件更灵活的事。我们可以俯视整个雷区，通过辨别地面上看上去可疑的隆起或挖掘的迹象，来判断在某个特定的区域是否有地雷。然后，当我们穿过雷区时，要尽最大努力争取安全通过这些可疑的区域。这些地雷可能会爆炸，这时应急措施就会发挥作用。不仅如此，我们还可以采取附加的特别措施来处理特别的地雷。如果地雷没有爆炸，那就更好了，我们付出的努力将会给予我们更大的回报。这种方法被称为风险管理。

这两种工具，即应急措施的运用和风险管理，会在下一部分具体讲述。对于这部分内容一开始的问题，你的回答应该是：这三种说法都是正确的。如果你还有任何疑问，请继续往下读。

理念应用

应急措施

为了避免将这个问题复杂化，我们要牢记第一步的理念。现在，让我们看一下能否避免将其复杂化。因此，让我们快速把注意力集中到一些简单的想法上，而不是陷入讨论的漩涡中。

首先，如我们之前所说，这些应急措施是强制性的。你不能在轻松的事业中使用并在最后关头抛弃它，你必须在每个项目中都给予它足够的重视。

在成熟的行业中，像建筑业、制造业或电影业，处理紧急情况已经成为行业运作的一部分，与购买原材料、提高劳动效率同样重要。不幸的是，目前很多新兴的高科技行业却不能正确认识这一点，我们所倡导的应急措施往往被这类行业的人士嗤之以鼻。他们认为，应急措施的存在只会影响企业的快速发展，畏首畏尾的心态只会让企业错失快速发展的良机。

基于这样的观点，这些行业的普遍做法是，只要发现了应急措施就会随时将其移除。我们已经说过，在计划中必须有应急预案，你需要时刻关注这个趋势，如果在你的公司中出现这一趋势，你要及时纠正。这里有两种方法可供你使用。

1. 将应急预案明确地安排在项目计划中，并禁止任何人将其去掉。

2. 将应急预案藏在计划里不让人们发现。

事实上还有第三种选择，就是将应急预案明确地放到计划中，然后让他们把它去掉。这样一来，他们会有一种去除的满足感，而最终，你仍可以将其放在计划里。当然，如果想方设法阻止他们偷偷去掉应急预案，你得付出双倍的努力，并且在这一点上，我也给不了你什么建议。

最后，你应该怎么做呢？你可以加大风险评估力度和应急措施的预算投入，例如，增加预算（使项目中用于应急的预算大于你认为实际需要的）、所需的资源（比你预计的所需资源多报一些）或者所需的时间（把额外的时间添加到整个项目中）。在"案例分享"部分，我们还会提供一些其他方法。

风险管理

许多关于风险管理的理论都非常复杂，这里有一个简单的方法。首先确定风险是什么，然后找到一个能在实际经营中解决问题的途径。

为了管控风险，我们需要详细地了解它。

• 哪种风险有可能影响我们的企业（风险）。

• 每一种风险发生的可能性（可能性）。

- 每一种风险产生的影响（影响）。

- 综合评估我们企业潜藏的风险指数，以便针对主要风险采取应对措施（指数评估）。

- 我们能够采取的减少风险发生的措施有哪些（措施）。

- 及时捕捉风险信号，它能帮我们看清某种特定的风险是否已开始成为现实（信号）。

我们将用表5-1记录上述内容。利用这一表格会帮助我们发现企业内部最主要的风险有哪些（指数为6~9的风险是我们需要关注的）。然后，在使用一段时间后，我们可以升级表5-1，获得"前十大风险"的清单。我们可以定期（如每个星期）关注这些风险，以确保当风险发生时能够从容应对。

表 5-1　风险管理

风险	可能性	影响	指数评估	措施	信号
	1= 低 2= 中 3= 高	1= 低 2= 中 3= 高	可能性乘以影响（1～9 的数字）		

> 风险分析最好由项目的执行人员完成。

　　和项目评估一样，风险分析也最好由项目的执行人员完成。所以首先，要将他们集合起来，让他们集体讨论所有其认为在这个项目中会出错的地方。（注意：一旦你这样做过，以后当你在任何项目中做风险分析时，你会有一系列关于风险控制的经验可以借鉴。）然后，在表5-1的第一列写下这些风险。接着，让人们根据风险发生的可能性进行分级，填入表的第二列。再接着，将各类风险的影响程度填入表的第三列。最后，指数评估列会显示出所有风险的综合评价结果。

现在集中到下面这些内容上。对项目造成威胁的风险开始产生的迹象是什么？将其填写在表的最右边一列。你可以采取什么措施防范这些风险呢？请填入"措施"列。后面的案例 4 就演示了一个完整的风险分析过程，可供我们参考。

案例分享

案例 1　用"渐进式完成"的方式做项目

有些项目可以被归入"要么做，要么不做"一类，即每件事都需要完成，或者都不需要。这相当于一次大爆发。"千年虫"事件对欧洲国家的巨大影响就是这类项目的例证。但是，这类项目往往都伴随着高风险，风险一旦爆发，而你之前的努力没能发挥作用，那么你就彻底完了。

为了避免这一情形，你需要事先判断，是否能通过一系列努力渐进式完成这一项目。例如，如果你必须在七个不同的位置部署某些东西，不要一下子把这些东西都部署在所有位置，而是应该先在其中一个位置进行部署，以从中获取经验。在项目的开始阶段，犯错误是在所难免的。只要你善于从错误中学习，然后不断改善，就能找到成熟而高效的做事方法，把项目中剩下的事情做好。此外，你也可以从"必须得做"和"做了更好"两个角度对项目中需要做的所有事情进行分类。首先做那些"必须得做"的事情，然后再完成那些"做了更好"的事情。通过这样做，你会发现，这也是一种把应急措施加入项目计划中的方法。当然，这也是利益相关者喜欢的一种方式。毕竟，他们都不希望看到风险大爆发，这会让他们感到惊恐不安。

从"必须得做"和"做了更好"
两个角度对项目中的事情进行分类。

　　我曾碰到过一个有趣的案例。有一名女性学员为一个致力于创建妇女避难所的组织工作，她的任务是在一个特定的区域建立三个避难所。她最初的想法是同步进行三个避难所的项目建设工作，让三个项目一起运转并同时结束。由于这是公益组织的项目，她很快就发现这样做有一个最大的问题——存在预算被削减的风险。如果在这三个项目进行的中途，预算被削减了怎么办？因此，她决定换一种方式，那就是先创建其中一个避难所，并尽力做到最好。然后通过总结这个项目建设过程中的经验与教训，再同步运转其他两个项目。即便预算遭到削减，她这样做还是有可能完成某些事情（至少已经完成了一个项目），而不是什么都没做成。

案例 2　留有余地和出色完成

　　如果你可以在你的项目中实施渐进式完成模式，那么就会产生留有余地和出色完成的可能性。假设你确定能够按如下日期完成手头的项目：

　　　　完成项目 1　　7 月 31 日

　　　　完成项目 2　　8 月 15 日

　　　　完成项目 3　　8 月 31 日

　　但是，你并没有把完成以上项目的截止日期告诉利益相关者，而是向他们做出了如下承诺：

　　　　完成项目 1　　8 月 15 日

　　　　完成项目 2　　8 月 31 日

　　　　完成项目 3　　9 月 15 日

　　如此一来，当你按照最初的日程表完成所有项目时，利益相关者肯定会非常欣赏你。2010 年发生在智利的科皮亚波（Chilean）矿难就是"留有余地和出色完成"的一个典型案例。当局在 8 月发现有 33 名矿工有望生还，于是宣称到圣诞节才能把他们都救出来。事实上，在 10 月 12 日—13 日，33 名矿工已经全部获救了。

案例 3　为什么说应急措施应该强制执行

在讲第二步的理念时，我们解释了正常和不正常的项目及三种应对紧急情况的方法。如果在你的计划中没有应急措施，原因或许可能是：

- 你没有将应急措施放在首位；

- 或者你这样做了，但后来其他人把它精简掉了，而你并没有阻止他们。

如此一来，你就失去了应对紧急情况的三种可行性方法之一。在现实中，这意味着你必须自己吸收和消化在项目中遇到的突发状况，用更多的时间去处理它们。这是一个正常的项目吗？当然不是。

案例4　商业计划风险分析

表5-2是对一家公司的商业计划所做的风险分析。你不难发现，做这个风险分析的人是多么诚实。这样的风险分析是最客观真实的，效果自然也是最好的。

同时，这个案例还告诉我们，完成一个项目的风险分析是很容易的事情。利用可以发掘的潜在内容，花费20分钟或30分钟的时间做风险分析，会给你带来意想不到的收获——结果会证明这是你有史以来做过的最好的时间投资。

表 5-2　对一家公司的商业计划所做的风险分析

风险	可能性	影响	指数评估	措施	信号
1. 执行团队管理不善	2	3	6	• 业绩评价 • 培训 • 保证质量 • 强化管理团队	• 偏离每月的计划或目标
2. 资源不足	3	3	9	• 检验目标是否与市场数据相符 • 在 1 月雇用更多员工 • 整理在职员工的舞会卡	• 偏离每月的计划或目标
3. 员工生病	2	3	6	• 隔离 • 对新员工进行体检 • 解决由此产生的所有问题	• 由于病假导致员工每月的缺勤天数明显增加
4. 专业技术匮乏	2	3	6	• 培训员工 • 定期评估	• 事情看上去一团糟

（续表）

风险	可能性	影响	指数评估	措施	信号
5. 办公空间拥挤	1	1	1	• 着手寻找额外的设施	• 人们找不到办公桌或会议室 • 户外设施投入过多
6. 未实现收入目标	2	3	6	• 监控销售业绩和现金流 • 监督财务和管理报告	• 偏离每月的计划或目标
7. 市场竞争加剧	1	2	2	• 对竞争对手保持关注	• 市场上的竞争对手数量明显增加
8. 员工离职	1	3	3	• 确保薪酬制度与行业整体水平保持一致 • 观察员工的积极性	• 在职员工的离职率超出可接受范围
9. 客户流失	1	3	3	• 更新客户关系管理项目 • 审核客户流失的原因	• 客户的抱怨增加 • 老客户陆续离开
10. 目标不切实际	2	3	6	• 及时监控项目进程和走向	• 偏离每月的计划或目标

（续表）

风险	可能性	影响	指数评估	措施	信号
11. 数据安全	3	3	9	• 召开会议进行讨论	• 出现黑客攻击 防火墙存在缺口 发现商业盗窃
12. 品牌价值下降	2	2	4	• 制定有针对性的市场营销方案	• 总是等待营销报告
13. 现金流出现问题	2	3	6	• 保持完整的现金链条	• 偏离每月的计划或目标
14. 市场变化	1	3	3	• 加强市场调查，对市场保持密切关注	• 偏离每月的计划或目标
15. 经济衰退	1	3	3	• 严格管理，避免浪费，减少不必要的支出等	• 偏离每月的计划或目标
16. 进入新市场表现不佳	1	3	3	• 坚持项目计划	• 偏离每月的计划或目标

开始行动

1. 运用我们在"理念应用"部分讲到的技巧为你的项目计划增加应急措施。

2. 对所有的项目计划进行风险分析。

3. 持有一份"前十大风险"清单并定期查看（每个星期或每月）。

进行评价，明确界定事情的结果

基本理念：事情要么完成了，要么没有完成！

提出问题

下面有两个人们经常会遇到的问题，你会如何处理呢？

- 某些人正为你做一项工作。当被问到进展如何时，他们回答"90% 的工作已经做完了"。这是什么意思呢？

（a）他有 100 个小部件要加工，已经完成了其中的 90 个，还剩 10 个，因此他确定已经完成了 90% 的工作。

（b）他需要 10 天做这项工作，在第 9 天差不多就要完工了，因此他确定已经完成了整项工作的 90%。

- 作为项目团队里的一名成员，你提前几天完成了自己的那份工作。由于你所负责的工作处于关键环节，这意味着项目本身可以被缩短相应的时间。你找到项目经理并把这件事告诉了他。在你告诉他这个好消息后，最有可能发生什么呢？

（a）他会让你利用项目剩下的时间做其他事情。

（b）什么也不会发生，项目剩下来的时间将会被一点点浪费掉。

解说理念

针对第一个问题，答案（a）表达的仅仅是字面意思。

以我多年的工作经验，答案（b）才是"90%的工作已经做完了"这句话实际想表达的意思。针对第二个问题，答案（a）的情况有可能发生，答案（b）的情况同样也有可能发生。

到目前为止，我们已经讲过第一步的理念"事情其实很简单"、第二步的理念"弄明白自己要做什么"、第三步的理念"建立事件的连续性并去执行"，以及第四步的理念"如果不去做，永远都做不完"，这些理念为事情的完成提供了一个基本框架。不过，第五步的理念"事情的结果往往和预期不一样"指出，事情的结果往往跟在第二步、第三步和第四步的理念指导下我们预期的不一样。有鉴于此，我们需要掌握一种能够确定事情实际上会如何发展的方法。

跟往常一样，各种图书、指南会给我们提供各种各样的方法：项目进度管理、利润增加值管理、标志性事件管理、完成的工作量管理、预算花费情况管理等，这份清单是列举不完的。但对我们这些常识的倡导者来讲，只有一种方法有意义。需要说明的是，一旦我们有了完成事件的连续性计划，一旦我们确定了谁去做这项工作，那么在这个连续性事件中的每一项工作，就只能以两种情形中的一种存在：要么完成了，要么失败了——也就是没有完成。这就是第六步的理念"明确界定事情的结果"——事情要么完成了，要么没有完成。

讲到这里，你或许会立即反驳，你会说事情的完成情况可能处于某个中间位置，即完成了一部分但还没有全部完成。你可能认为这比说"没有完成"能提供更有用的信息，然而，说某件事正处于"中间位置"实际上没有任何意义。既然如此，我们能比让某件事处于"中间位置"做得更好吗？

> **将事情进行分解才能做得更好。**

正如我们在第三步中讲到的，做得更好的小窍门是将事情进行分解，并尽可能细化它。如果你正在做一项将持续两个月的工作，你告诉我已经"做了一半"，这几乎相当于什么都没有说。但是，如果这两个月的工作能够被分解为 10 项或 15 项更细致的工作，每项工作需要 3 天或 4 天的时间，那么你就能告诉我很多有用的信息了。

假如 1 个月过去了，你告诉我你仍在做 15 项工作中的第 1 项，这肯定有问题。同样，如果 1 个月过去了，你告诉我已经完成了 7 项工作，现在正在做第 8 项工作，那就是另一回事了。所以，当 1 个月过去了，你告诉我只剩下 1 项工作还没完成也是同样的道理。

既然你已经尽可能细致地建立起了事件连续性，在此前提下监控整个事件的进展就不会有多少困难了。当然，如果你不做这样的细化，就相当于在一个黑盒子中工作，你根本不清楚里面正在发生什么。缺乏透明就会导致意外产生。在黑盒子中工作，由于缺乏早期预警系统，自然会导致效率下降。

这里存在的另一个问题是，怎样衡量某一项细分工作是否已经完成。我们可以用第二步的理念"弄明白自己要做什么"来帮助我们。同样，能够清晰地知道在一个大项目或战略中自己要完成什么也相当重要，对事件细化后的每项工作也是如此。每项细化的工作都应该明确工作目标和成果形式，确定一些我们能实实在在看到并能够掌控的东西，通过对成果的检验，我们可以说："是的，取得这项成果意味着这项工作已经完成了。"因此，检验完成或未完成细分工作就变成了具体形式的成果是否存在这样一件简单的事。

理念应用

我们应该如何去做

第一个工具在开篇部分已经暗示过了。当评估一个项目时，谁也不会把"正在进行中"或"完成了60%"等任何一个模糊的说法作为评估标准，而是要将一个项目分解为多个细化的工作，然后记录它们是否已经完成。如果有团队成员希望尝试完成其他事情，我们也会要求他必须先将其负责的细分工作完成。

一开始，人们可能会觉得这个理念有些陌生，因此你必须教他们去理解你的意图，告诉团队成员你应该达成什么目标、为什么需要这么做。我觉得你还会发现，把整体项目分解成细化的小工作，会激发人们的工作热情和动力。比如，每个星期都有紧张的项目评估会，有些人不想每个星期都来参加会议，报告一些没有完成的事情。那么，为了每个星期都能报告具体的工作业绩，他们会努力将工作细化。

事情会变得更好还是更糟

"事情要么是要么不是"的延伸就是"事情会变得更好还是更糟"。"事情要么是要么不是"是某件事所处的状态的瞬时快照。事实上，我们可能会对其发展趋势更感兴趣，即随着时间的推移某件事是如何发展的。比如，你正在经营一家公司，现金流突然出现了问题，这时，你会急切地想知道一些关键指标。

- 费用增加了吗？

- 收入上升了吗？

- 利润怎么样？

- 信贷额度还剩多少？

不断提出问题，询问"事情会变得更好还是更糟"，日复一日地坚持下去，你就会知道事情的发展趋势是怎样的。找到"事情会变得更好还是更糟"这个问题的答案将会使一切都显得简单明了。

案例分享

案例 1　进程监控

现在我们已经知道，应该把大项目细化为很多小工作。不过，除此之外，还有一点需要注意。比如，你需要参加每个星期的工作情况通报例会，所有团队成员必须到场，并汇报他们的工作进展。（与开大会相比，采取逐一汇报工作进程的模式显然效果更好。）如果某人每个星期汇报的工作情况都是"尚未完成"，那么可以想象，他的压力会有多大。这会促使他想方设法将这项工作做完，这样在下一次汇报时，他才会更有底气，避免尴尬的情形再次发生。

案例2　转移压力

你可以利用本步介绍的理念和之前第三步介绍的理念来帮助你转移压力。在第三步中，我们讲到应该把一个大的项目看作一些连续性事件。按照本步理念的要求，我们针对每一项细化的工作只有两种态度，要么我们必须完成，要么不需要我们介入。因此，如果我们必须完成这项工作，那么就去做。相反，如果是其他人负责完成，而我们什么都不需要做，也就没有什么可担心的，等待他们做完就可以了（有人将这个理念简化如下：如果问题是可以解决的，如果你还能够做些事情，那么就没有什么好担心的；如果问题是不能解决的，那么担心也没有用。因此，无论如何，担心都是没有必要的）。

你能够做什么来加速下一环节的工作，
即便这是其他人应该做的？

为了让项目运转得更加完美，应该这么做：当你已经确认下一环节是由其他人负责时，问问自己——你能够做什么来加速下一环节的工作，即便这是其他人应该做的？如果有，那就属于你需要做的工作，所以你应该去做。但是如果实在没有，就请把工作安心地移交给下一个负责人。

案例 3　缓解压力

你还可以通过对比分析事情的发展状况来缓解压力，并根据事情的前后变化来确定其是否已经跌到低谷？是正在走下坡路还是已经有所好转？

开始行动

在必要时对事情进行细化，基于每一项细分工作已完成或未完成的情况即时监控工作进程。

及时报告，分享事情的进展

基本理念：学会从他人的角度看问题！

提出问题

你是一家公司的新晋管理者，你发现公司的某个员工干的少拿的薪酬却很高。你也知道，他在公司中的地位稳固，幸福感强烈。你还知道这个人是比较通情达理的。于是，你决定把他的工资降低到和同等职位的员工一样的水平。你的分析是这样的：最初，他的情绪可能会非常低落，但是用不了多久，他就会明白你的用意，整件事就会平息。事实上，真是这样的吗？

(a) 是的。因为他在公司里是稳固而快乐的，再加上他是个通情达理的人。

（b）他会抓狂。他会离职，而你将会面临一场诉讼。

（c）比你预想的要激烈一些。你不得不做出一些让步，降低他的薪酬削减幅度。然后这件事才能过去。

（d）你睡着了，第二天醒来后发现这是个疯狂的计划。你已经得到的够多了，不想再给自己找麻烦，你决定不惹是生非了。

解说理念

首先说上面的问题，如果你认为除了答案（b）都对，那么你就需要花点时间去学习如何体恤他人了。

本书最后一步的理念也是最古老的一个。有趣的是，全世界很多主流宗教都信奉并遵从这一理念。

例如，你可能知道犹太法典《塔木德》(*Talmud*)，这部 20 卷的著作被认为是一部犹太教的百科全书。犹太法典讲述了一个异教徒来到拉比面前，要求拉比教给他所有犹太法典的故事。拉比的一个门徒把他赶出了门，认为他这个要求太无礼。而拉比却镇定地回答："对你来讲是冒犯了我，可他人的本意却未必如此。这就是犹太教的精髓，剩下的都是对这句话的注解。你还需要继续学习领会。"

佛教对这个理念也有自己的见解。很多佛教上师都说过："换位思考之所以重要，不仅在于这是一种培养同情心的方法。更重要的是，当你与任何层次的人打交道遇到挫折时，能够尽量把自己放在他们的位置上考虑，会更容易理解其观点和做法。"

最后，这一理念还是基督教广为人知的信仰。

> 如果人们足够积极并且受到了极好的
> 激励，他们可以移走高山。

前六步都是侧重于将事情做完。而决定事情是简单还是困难的最主要因素是人们的反应。如果人们足够积极并且受到了极好的激励，他们可以移走高山。与此相反，对于正在计划的事情，如果人员没有得到合理的安排，在极端情况下，他们将会中止做它，从而造成负面影响。

基于此，第七步的理念很简单——学会从他人的角度看问题，进而修正计划或行为，以增加成功的机会。怎样精确地做到这一点呢？这是下一部分我们要讲的内容。

理念应用

试着穿上他人的鞋子

我们可以再次引用一下佛教上师的理念："你可以暂时舍弃自己的观点，选择从他人的视角看问题，去想象你处在他人的境地会怎样，以及如何处理面前的问题。这有助于你保持清醒并尊重他人，这也是减少与他人的矛盾冲突的重要方法。"

本书编辑瑞秋·斯道克采取了另一种表达方式，但一点也不缺乏表现力："绝不要假装你什么都懂。"如果换一种方式说就是："要心胸开阔地去学习他人。"最后，史蒂芬·柯维在他最畅销的书《高效能人士的七个习惯》中也讲到了这一点——"寻求双赢"。

尽可能满足利益相关者的获利条件

我们在第二步中讲过，你想要做的事情会影响利益相关者。每个利益相关者都有一系列获利条件，即他们想从特定项目或事情中得到的东西。也许，这些多样化的获利条件不能彼此兼容。那些了解北爱尔兰或中东和平对话的人们在理解这个理念上不会存在任何问题。因此，鉴于多样化的获利条件经常或多或少地不能兼容，所以你的目标就是努力寻找一系列每个人都能接受的获利条件。你可以通过第二步获得达成这一目标的方法。

案例分享

案例 1　会议回顾

运用本书所有的步骤，我们就能学会如何组织一个成功的会议。我们还可以利用这些步骤的理念去判定我们是否陷入了困境——组织了一个耗费时间却几乎没有任何价值的会议。

要组织一个成功的会议，你需要做到以下几点。

1. 明确会议的目标（第二步）。

2. 确认为达成这一目标必须完成的事情有哪些（第三步）。

3. 确定负责做这些事情的人员（第四步）。因此，第三步和第四步实际上是要确定参加会议的人员。

4. 创建议程表。第三步和第四步还可以帮助我们创建议程表，包括对每一环节的时间限定。你还可以运用第五步增加一些关于应急措施的讨论，并使其成为会议时长的一部分。

5. 公布目标、议程表和会议时长，向每个与会者说明需要做好哪些准备（第七步）。

6. 主持会议，按照预定的议程表和时间推进会议议程（第四步）。

7. 准备一份会议讨论过的后续行动清单（第三步）。

8. 按时结束会议。到预定时间时，如果你已经成功地完成了上述工作，这次会议的目标就算完成了。

为了尽可能地降低突发事件的影响，当你被要求出席某个会议时，需要解决以下几个问题：

• 会议的目标是什么？

• 为什么需要你参加？换句话说，会议组织者认为你能做出什么贡献？

• 你需要提前做哪些准备？

• 会议将持续多长时间？

如果对于上述这些问题，你都不能给出明确的答案，你参加的会议极有可能会失败。如果你坚信常识的重要性，那么你应该明确表示不去参加。如果你想把这一常识传递给其他人，你可以写一封邮件解释原因。

案例 2　情况报告

在情况报告这个问题上似乎有两种观点：什么都不说和什么都说。有趣的是，这两种观点的共同点是，都会导致我们得不到任何关于工作进展的有效信息。持第一种观点的报告事实上没有给你提供任何信息，而持第二种观点的报告又会让你被大量的信息淹没，看不到事情的庐山真面目。第七步告诉我们，必须让他人知道我们在做什么。这并不是说我们要事无巨细地告诉他们所有事情，而是说我们不能什么都不告诉他们。

在某些方面，我们必须过滤报告的内容。

如果我们不准备百分之百地报告某种情况，那应该怎么做呢？在某些方面，我们必须过滤报告的内容，但这并不等于传递那些断章取义、让人误解、颠倒是非或其他骗人的信息。以我多年的经验，大多数传统的工作报告，不论纸质的还是口述的，都存在上述问题。通常来讲，这类情况报告给人以大量的事情正在发生的印象——我们做了这个，我们做了那个，发生了这个，发生了那个（它要传递的信息是：我们做完了自己的本职工作）。但是，不是每件发生的事都是好的，因此，有些工作报告也经常热衷于报告那些糟糕的事件（它要传递的信息是：我们真的做完了自己的本职工作）。这些情况报告几乎都会制造一种一成不变的大欢喜结局，让人们感觉尽管有这些事情发生，但毕竟还能凑合。换句话说，几乎没有工作报告会以失败作为自己的汇报结论。

一般而言，人们会对你正在做的事情的以下几个方面感兴趣。

- 我能否从中得到我想要的东西，如果不能，我应该怎么做？

- 这件事能否按时完成，如果不能，我应该做什么？

- 我即将获得的东西能满足我的需求吗？

在报告情况时，你要把他们感兴趣的事情告诉他们。此外，你还需要告诉他们事情现在的状态和未来的变化趋势。只有这样，他们才能对事情形成整体的认识。借助实事求是的报告，他们不仅能够理解事情当前的现状，而且能够判断事情将来可能呈现的形态。如此一来，无论事情最后会变成什么样，都不会让任何人吃惊。

最后，与这件事关系最密切的又是谁呢？这就是先前定义的所有利益相关者。一般来说，利益相关者大概有四类：第一类是你自己，负责完成事情的人；第二类是你的工作团队，通过具体执行细分任务来完成事情的人；第三类是客户；第四类是你的老板。所有这些人都需要了解事情进展如何，虽然传递给他们的信息不一定是一模一样的。

当然，你首先必须了解自己的状况。第六步能够帮助你做到这一点。一旦你通过他人的视角看清楚了自己的状况（第七步），你就能把自己的信息准确传递给他们，而他们也能够轻松领会它（因为这是通过他们的视角表达出来的）。因为你传递了真实的情况，所以他们可以去确认而不是猜测事情的进展。

　　表 7-1 提供了一个工作报告的案例摘要。这些摘要足以证明，我们都对事情的瞬时状态和未来可能的发展趋势感兴趣。

表 7-1　工作报告案例摘要

工作报告

项目： 新型产品 1.2 版

报告编号： 14

报告日期： 2011 年 10 月 21 日

项目经理： 弗兰克

团队主要成员： 雷切尔、黛比、德克兰、史蒂夫、玛丽

参加人员： 上述人员加上伯纳戴特、休、丹、佩德罗和特德

　　　　　　本报告采取文件通知的形式，及时抄送给其他对此感兴趣的人

总体状况：

总体需求	产品设计	产品生产	产品测试	消费者反馈情况
完成	完成	完成	正在进行	尚未开始

正在进行的工作：

预计 2011 年 11 月 17 日前完成测试

（续表）

产品供货日期（在消费者反馈情况后）：2012 年 1 月 19 日

工作进程记录：

调整日期——历史记录

调整日期	调整原因	调整后测试日期	供货日期
	初始时间	2011 年 5 月 1 日	2011 年 9 月 1 日
2011 年 5 月 9 日	依据项目计划 第一部分进行调整	2011 年 11 月 24 日	2012 年 1 月 23 日
2011 年 5 月 27 日	增加临时 工作人员	2011 年 11 月 14 日	2012 年 1 月 12 日
2011 年 7 月 1 日	玛丽提出了 改进措施	2011 年 11 月 3 日	2012 年 1 月 5 日
2011 年 10 月 14 日	生产进度下滑	2011 年 11 月 17 日	2012 年 1 月 19 日

案例 3　减压技巧

保持平和的心态

这里要用到第六步讲到的 "事情会变得更好还是更

糟"这一工具。一般而言，不管你的处境多么潦倒，世界上肯定还有比你更可怜的人。每天都有成千上万人因饥饿、疾病、折磨、死刑、疏忽、虐待和孤独死去。与这些情况相比，我们所遇到的大多数问题都不算什么。下次你感到有压力时，不妨打开报纸或电视机，看看全世界都有哪些悲惨的人和事，自己的压力就会小很多。

> 世界上肯定还有比你更可怜的人。

想象自己一年后的样子

第七步告诉我们，要从他人的角度看问题。想象一下，一年后的自己是什么样子？现在让你忧心忡忡的问题到那时会怎么样？你还能记住它吗？想象一下并看看这能否让你有所不同。

像马拉松赛跑者那样思考

我曾经跑过马拉松（虽然成绩不是很好）。我知道，很多人肯定觉得跑 40 多公里的马拉松是一件荒谬的事。不过，不管有意还是无意，马拉松赛跑者却有效利用了第三步的理念。他们不会一味考虑全程的艰难，而是把总目标拆分，完成一个子目标后，再努力跨越下一个子目标。所以，不要担心未来的事情，而应该努力去完成连续性事件中每项细化的工作。在马拉松赛跑者身上，这可能意味着下一根电线杆、下一棵大树、下一个里程标志或饮水供应站。当最近的目标完成后，他们会将注意力转移到下一个目标上。

与他人一起承担

这是对第七步理念的再次应用。正如俗话所说，"与他人分担，问题就解决了一半。"

案例 4　对项目进行评估

> 遵循本书的理念能帮助你从大量的数据中
> 找到真正需要的信息。

很多情况下，你被要求做的事情之一可能是对项目计划或正在推进的项目进行评估。例如，一个外包项目的承包商提交的项目计划。或者，你会被要求对一个商业计划或特定企业的预算方案提出建议，或者对企业运营的情况进行评估。也许你还会被要求对那些高科技或复杂的项目做评估，而你对这些专业、复杂的领域可能并不熟悉。那么，你该如何做出正确的决定呢？遵循本书基于常识提出的理念能帮助你从大量的数据中找到真正需要的信息。

有时候，人们更喜欢把这些理念称为"直觉"或"第六感"。直觉并不是在黑暗中盲目乱窜的东西，而是一种对概率的意识或感觉。下面会讲到评估事件概率的方法。

想象一下，你正在参加一个正在运营中的项目的介绍会，或者正在审阅某个项目报告，或者正在对这个项目进行深入思考，那么你希望得到什么呢？

1. 第二步的理念（弄明白自己要做什么）告诉我们，我们需要从这些繁杂混乱的信息中发现事情的真实目标。这个目标必须具备两个主要特征。首先，它必须是明确的。也就是说，当这一目标达成时能够被清晰地分辨出来，而不存在任何疑惑或模糊之处。例如，利益相关者对于事情结束标志的困惑就违反了这一原则。其次，目标必须是当前的。也就是说，之前发生的变化应考虑在内并作为最终目标的一部分。

2. 第三步的理念（建立事件的连续性并去执行）表

明，我们必须明确完成达成最终目标不得不做的
一系列工作。这一系列工作会以某种形式表现出
来，我们已经在本书中讲过一些。

- 用甘特图（Gantt chart）来表示就是：谁应该在什
  么时候做什么（who-does-what-when）。

- 用电子试算表（Spreadshet）来表示就是：谁在什
  么时候靠做什么花费及赚取了多少（who-spends/
  earns-what-when）。

3. 对连续性事件的细分工作应该尽可能细致，这能
   使我们确信相关人员已经分析了这个项目中所有
   必须完成的事情。而由计算机生成的高水平图表
   则不一定能达到这种标准，除非它能向我们展示
   具体细节。

4. 第四步的理念（如果不去做，永远都做不完）指的是，最好有人能够引导项目，保证连续性事件中的所有细分工作都有对应人员负责。同时，我们还必须搞清楚他们的能力，以及他们有多少时间为项目工作。我们可以结合第 2 点和第 3 点做一个测试风险的快速计算。第 2 点能告诉我们有多少工作需要完成，第 3 点能告诉我们有多少工作是可以完成的，也就是可利用人员和时间。它们在本质上是一样的。

5. 第五步的理念（事情的结果往往和预期不一样）警示我们，如果某个项目没有什么应急措施或修正错误的准备，那就没有进行下去的必要了！

案例 5　创立一家快速成长的公司

在 1999 年 9 月 6 日的《财富》（Fortune）杂志中，有

一篇关于美国公司快速成长的文章。这篇文章认为，这些公司的成功取决于其所共有的七个因素。这七个因素对我们来讲并不陌生，因为从其身上可以清楚地看到本书所讲的理念。

1. 这些公司总是能履行承诺（第七步的理念）。你的客户不喜欢奇迹（这是真的），他们希望的是，你能够履行对他们所做的承诺，满足他们的期望。

2. 他们不会承诺过多（还是第七步的理念）。这一因素跟第一个因素的差别很小。在这篇文章中，这个因素特指公司向财团 / 华尔街承诺履行并实际履行的承诺之事。

3. 他们总是努力做好细微的事情（第三步的理念）。如果你还记得，我们在第三步重点讲过这个。大多数案例都证明了，时间是比金钱更有用的商品。

这一因素的侧重点在于我们应该掌控自己的时间，确保它能被合理地利用，而不是被浪费，并想方设法避免处理本可以避免的紧急情况。

4. 他们建立了防护堡垒。这一因素是关于企业的安全措施的，其关键是要创建准入关卡（第五步的理念）。这是因为，事情现在进展得很顺利不代表它们总会进展顺利。对事情保持一种健康的不安全感，做好应急预案，对第五步提到的前十大风险时刻保持警惕，这将确保你的堡垒无懈可击。

5. 他们创建了一种文化（第二步的理念）。这些公司都谨慎地建立了一种特定的企业文化，有的是非常正式的，如希伯系统软件有限公司（Siebel System）；有的则是不正式的，如休闲服装制造商美鹰傲飞（AEO）。

6. 他们都善于从错误中吸取教训（第三步的理念）。

7. 他们建立了情况报告制度。这一因素是确保投资者、财务分析师随时了解公司现状（第七步的理念），对公司建立足够信心的基础。正如文章所说："当那些小规模的快速成长的公司存在不确定性时，人们做的第一件事就是离开它……当投资经理发现某个人正在抽离资金时，他的第一反应是'那个家伙肯定知道了我不知道的事情'，然后就会迫不及待地找出正在发生的事情的真相。"

案例6　做好项目报告

一定要确保你的报告是有价值的。

你知道自己有多忙。其他人其实也和你一样忙——时间似乎从来不够用，却总有那么多需要做的事情。如果想让人们腾出自己宝贵的时间来听你的项目报告，那么你一定要确保它是有价值的。

我不知道你是否意识到，但以我的经验，好的报告是非常罕见的。相反，我听过的很多报告都是自以为是、屈尊俯就、争强好胜、令人费解、不着边际、冗长拖沓、滔滔不绝、让人厌烦、太过随意、毫无说服力的，有些报告者甚至对自己所使用的材料都不确定。由此不难想象，当你碰到那些权威、有趣、轻松、幽默、生动并传递出某种坚定信念的报告时，就如同在沙漠中看到了绿洲那样兴奋。

如果你能从这些人身上学到有用的东西，你就不用为了成为一个好的报告者去学习相关课程了。事实上，我们基于常识提出的理念就能教会你如何做出最好的报告。

1. 借助第七步的理念，你也许能明白人们为什么要放弃自己的时间来听某个报告，这对他们来讲有什么意义。也许他们要学习某种对他们有用的东西？或许，你可能会说，我做的是销售报告，我想向他们出售某些东西，而不是教育他们。但我不这么认为。我始终都在做销售报告，并且，我做过的最好的报告都是一开始就引导听众，然后在演讲过程中加入销售信息。你听过的纯粹的销售报告有多少呢？所以这才是关键：你要告诉听众对他们有用的东西。如果有可能，在报告开始之前询问一些听众，看看他们希望从你的报告中获得什么。这能最大化地提高报告的针对性。你可以在报告即将开始的那一刻做这件事。当然，你越早开始做这件事，你就能准备得越充分，也就越有可能取得成功。

2. 你已经决定，要告诉听众对他们有用的东西（第二步的理念）。现在，你需要精准地确定要传递哪些主要信息。众所周知，人们无法记住太多的东西，所以你最好控制一下主要信息的数量。

3. 利用第三步的理念，你可以决定在连续性事件的哪一个阶段告诉他们这些信息。研究表明，人类大脑会首先记住以下内容：

- 学习阶段一开始的内容（首因效应）；

- 学习阶段结束时的内容（近因效应）；

- 以显著或独特的方式强调的内容。

当然，你根本不需要研究这些，因为所有著名的演讲家都知道它们：

- 告诉听众你要说的内容；

• 具体描述此内容；

• 再次向听众强调你刚说过的重点内容。

研究还表明，人们更容易记住那些他们特别感兴趣的东西，因此，提前了解他们想要获取的信息就显得尤为重要。需要强调的是，应该尽量从与我们的听众相关的视角介绍报告的每一个要点（第七步的理念）。

4. 第五步的理念可以帮助我们对项目可能遇到的问题做好提前准备。如果你做不到这一点，就做一次演练，问题自然就会浮现出来。由于这些问题经常会把你引到意想不到的地方，让你传达并不想传达的信息，因此，不妨利用演练去发现这些问题并提前规避它们。这样做还能帮你发现报告的薄弱环节，如哪些地方容易产生误解或不够清晰，从而促使你改进报告。当然，前提是你也是这样看待问题的，即把每一次做报告都当作学习的机会。

5. 展开行动。按照"重要的事情首先做"这一原则，在报告一开始先把关键信息传递给听众，然后是剩余的信息，在报告结束时再重复一下关键信息。

开始行动

1. 不论你正在做什么事情，记住，在几乎所有情况下，你的所作所为都会影响其他人。你能确认被你影响的是哪些人吗？你了解他们的观点和需求吗？这些观点和需求又有哪些需要被包括在你做的事情中？

2. 如果有可能，在计划某些事情时，尽量把那些将要做这些事情的人员考虑在内。

后 记

记住本书提出的七个步骤

这七个步骤，旨在帮助你解决工作和生活中遇到的所有问题：

第一步——定义问题，寻求最简单的解决方法；

第二步——确定目标，把具体工作形象化；

第三步——制订计划，建立事件的连续性；

第四步——开始行动，并发挥团队的力量；

第五步——分析和管理风险，并建立应急预案；

第六步——进行评价，明确界定事情的结果；

第七步——及时报告，分享事情的进展。

记住本书提出的七个理念

这七个基本理念，是对应七个步骤的基本原理和核心原则：

1. 事情其实很简单；

2. 弄明白自己要做什么；

3. 建立事件的连续性并去执行；

4. 如果不去做，永远都做不完；

5. 事情的结果往往和预期不一样；

6. 事情要么完成了，要么没有完成；

7. 学会从他人的角度看问题。

当然，你也可以对这七个理念做如下思考：

- 第一步和第七步的理念可以看作贯穿整体的理念，即把事情简单化并从他人的视角看待它们。

- 第二步的理念是关于你到底想达成什么目标的。

- 第三步到第六步的理念建立在我们怎样完成我们想要完成的连续性事件的基础上。

记住完成这些步骤，使用这些理念的方法。

1. 通常来讲，比起寻找复杂的方法去做事情，我们可以按它相反的一面去做——第一步的理念"事情其实很简单"。

2. 在考虑任何企业、事业或项目时，我们需要理解我们究竟想做什么——第二步的理念"弄明白自己要做什么"。

3. 一旦知道我们想要做什么，就要意识到——第三步的理念"建立事件的连续性并去执行"。

4．只有开始做其中一项工作，才有可能持续完成总体目标——第四步的理念"如果不去做，永远都做不完"。

5．不管你对连续性事件考虑得多么周到，总是会有意外发生——第五步的理念"事情的结果往往和预期不一样"。

6．当连续性事件展开时，必须明确界定每项工作的结果——第六步的理念"事情要么完成了，要么没有完成"。

7．正如保持事情简单化一样，我们应该经常换位思考——第七步的理念"学会从他人的角度看问题"。

践行本书提出的步骤和理念

如果我们不把这些步骤和理念落实在实际行动中，光是读读，一点意义也没有。现在，我们已经讲完了这七个步骤和理念，记住它们固然重要，但更重要的是在工作和生活中运用它们。有一种练习的方法是，在每星期的星期一践行第一步的理念，在星期二践行第二步的理念，以此类推。

- 星期一（第一步的理念）。尽量保持事情简单化。把一天的计划做简单并避免仓促。在会议中，如果事情变得复杂了，要引导参会者回到简单的视角看问题。不断问自己："这样做是否已经是最简单的方式了？"或者也可以将这种简单的理念扩展到你生活的其他领域——吃穿住行、如何工作、产生了多少垃圾，以及消耗了多少资源等。学着在这一天享受一种"简单的愉快"并为其营造空间。做一些你通常会在这一天做的事情并尽力寻找一种更简单的方式去做。试着去做第一步"开始行动"栏里列出的事情。不要去做那些你认为或怀疑对你的工作毫无价值的事情（不管参加会议还是做报告），看看天是否会塌下来——如果天真的塌下来了，就说明做这件事是有价值的；如果天没有塌下来并且也没有人在乎这一点，就说明你不需要再做这件事，永远都不必做——这简直太好了。

- 星期二（第二步的理念）。制定一个你想在今天完成的目标，不管发生什么事，你都要努力完成它。在你参加会议、打电话、做报告之前，一定要搞清楚你希望从中获得什么。在这一天结束时回顾你的做法。试着去做第二步"开始行动"栏里列出的事情。

- 星期三（第三步的理念）。从事件的连续性出发，把你今天打算做的事情跟你为自己确定的总目标进行匹配。换句话说，你今天打算做的事情是从整个连续性事件中选出来的吗？在会议、电话或会谈结束后，确保事情没有被悬挂起来，每个人都清楚接下来应该做什么。试着去做第三步"开始行动"栏里列出的事情。

- 星期四（第四步的理念）。从个人角度出发，将注意力集中在你打算完成的事情上并完成它。在一天结束时回顾一下进展如何：事情完成得怎样？你是按计划完成了你需要做的事情，还是由于其他事情的干扰而没有完成？如果是后者，你能从中学到什么？为了防止再发生这样的事情，你能做些什么呢？如果有某些人为你工作，他们是否清楚自己需要完成哪些事情？你是否因他们彻底明了事件的连续性并有足够的时间去完成它而高兴？如果他们遇到了问题，就利用舞会卡去解决，因为他们的问题最终会变成你的问题。试着去做第四步"开始行动"栏里列出的事情。

- 星期五（第五步的理念）。问问自己：是否在所有关键项目中安排了应急措施？是否做了风险分析？如果没有，请一定要做。如果你已经做过了，不妨回顾一下前十大风险，检查一下你是否尽了最大努力规避它们。试着去做第五步"开始行动"栏里列出的事情。

- 星期六（第六步的理念，或者，如果你仅仅喜欢在一个星期中的上述五天践行这些理念，那不妨等到星期一时再开始）。如果你在家里，这很可能会牵扯出那些已经拖了很长时间，还没有完成且可以自己动手去做的事情：为下个星期拟订大扫除或烹饪计划、合理地分配做家务的时间或是跟孩子们一起玩耍。如果你决定每星期五天都践行这个理念，那就要对此保持密切关注；如果你声称自己已经照此做完了该做的事，那你最好能证明这一点。你不妨尝试一下第六步"开始行动"栏里给出的建议。

- 星期日（第七步的理念）。这个理念适用于每一天。花一点时间像他人那样看待周围的人——孩子、父母、朋友、合作伙伴、老板、下属、团队成员、同行等。如果你这样做了，你可能会被自己学到的东西所震撼。试着去做第七步"开始行动"栏里列出的事情。

灵活运用本书的理念

第二步和第三步的理念为处理问题提供了非常有用的方法。打个比方，如果你想确定自己想做的事情，可以运用第二步的理念；如果你想知道应该从哪里着手去做，可以运用第三步的理念。更进一步说，当你运用第三步的理念确定入手处之后，你可以问问自己接下来会发生什么：连续性事件中的下一项工作是什么？下一个环节是什么？当你去确认每一项具体工作时，这些理念会为你提供更广阔的视野，帮你看清事情的真相。

灵活运用我们基于常识提出的这七个步骤和理念，会帮你顺利地完成各项工作，走向最终的成功。

最后，预祝每一位读者都能从本书中获益。